U0516863

重新出发
如何面对失去

[美] 诺拉·麦金纳尼 著　　｜　　贺凯达 译
(Nora McInerny)

The Hot Young
Widows Club

Lessons on Survival from the Front Lines of Grief

中信出版集团｜北京

图书在版编目（CIP）数据

重新出发：如何面对失去 /（美）诺拉·麦金纳尼
著；贺凯达译 . -- 北京：中信出版社，2022.9
　书名原文：The Hot Young Widows Club：Lessons
on Survival From The Front Lines of Grief
　ISBN 978-7-5217-4313-5

　Ⅰ . ①重… Ⅱ . ①诺… ②贺… Ⅲ . ①成功心理－通
俗读物 Ⅳ . ① B848.4-49

中国版本图书馆 CIP 数据核字（2022）第 072165 号

重新出发：如何面对失去
著者：　　[美] 诺拉·麦金纳尼
译者：　　贺凯达
出版发行：中信出版集团股份有限公司
　　　　　（北京市朝阳区惠新东街甲 4 号富盛大厦 2 座　邮编　100029）
承印者：　北京盛通印刷股份有限公司

开本：880mm×1230mm 1/32　　印张：4.75　　字数：55 千字
版次：2022 年 9 月第 1 版　　　印次：2022 年 9 月第 1 次印刷
京权图字：01-2019-6901　　　　书号：ISBN 978-7-5217-4313-5
　　　　　　　　　　定价：49.00 元

献给
莫和所有性感年轻的寡妇

目 录

▼
▽

这本书不是：

• 一系列糟心事的合集。

• 一份悲伤权威指南。

• 你、我、他比谁经历更惨的一场比赛。

最后一点很重要。

如果每个人都拿自己的悲惨经历和别人比较，我们会发现总有人比我们更惨，也总有人过得比我们更好。我们会很快发现自己与他人比谁失去的更多，不过是在比谁应得到更多同情、更多怜悯。我无数次听人说过这句话——"比较是偷走快乐的窃贼。"其实比较也是偷走悲痛和共情的窃贼。比较就是个会抢走你口袋里所有东西的坏蛋，所以用一个藏在衬衫下面、付钱的时候得撩起衣服去拿的钱包来保护你自己吧。另一种方法就是我们都同意暂时停止这种凡事都要进行比较的条件反射，至少在读接下来的几页的时候，停止比较，行吗？行，那就这么定了。

平日里，我主持一个谈论人们最困难的生活经历的播客节目。我采访过遭遇过性侵的人、癌症患者、断手断脚的人，还采访过所有家人都去世了的人。我收到过成千上万封电子邮件，写信者有的失去了孩子，有的遭受过虐待，有的因为不孕不育而孤独心碎，他们中的有些人已经从苦难中走了出来，而有些仍在痛苦中煎熬。

因为担心我或他人会对他们进行评判，在与我分享个人经历时，他们常常事先自我表态说："当然，这比不上……"他们讲的是他们一生中对自己影响最大的一件事，却依然要低调处理。

为什么？

别人失去了多少和我失去了多少之间有什么可比的？这场可怕的比赛比的到底是什么？谁又能赢呢？

31岁的时候，我成了寡妇，带着一个孩子。那年，我失去了父亲（爸，愿你安息）、丈夫（艾伦，愿你安息）和一个尚未出生的孩子（宝宝杜斯，愿你安息）。

就像很多网友说的那样，发生在我身上的事情或发生在艾伦身上的事情没什么特别的。他们说得对，因为天天都有人去世。但其实他们错了，因为这一切都很特别——这是我们的经历，只发生在我们身上。

我是唯一一个失去了丈夫艾伦的女人（我希望我是唯一一个）。你是唯一一个以你自己的方式，经历过你所经历的一切的人。

我承认，我不喜欢人们把他们失去宠物鸟的经历和我失去丈夫的经历相提并论，不过，我也没有失去过宠物鸟。

世上没有哪个转换表可以帮助我们量化和衡量这些失去，也没有可以比较失去的标尺。

可能你还没有经历过任何一件痛苦的事情，可能你爱的每个人都还活着，可能到目前为止，你经历过最困难的时期就是中学时的青春期。但是，你迟早会经历一些事情，或者说很多事情。然而，无论你经历了什么或者将来会经历什么，你的经历与我的经历永远无法比较。不过好在这两者也不需要进行比较。

悲痛只是人一生中所要经历的难事之一，而且会出现不止一次。老天会给你点上多份，即使你举手说："够了，真的够了。要是还有欢乐的话，我想尝尝欢乐的滋味。"读到这里，大家可能很容易就理解了为什么我的社交生活是如此充实了。谁不想和一个不断提醒你、告诉你你爱的每个人都会死，而每一次死亡都会带来新的悲伤体验的女人在一起呢？

悲伤可以把我们困在个人情感的孤岛上。其他人都假装今天还是周二，只有你知道真相：时间已经完全停止了，冰激凌再也不会那么好吃了，你的心里永远是空落落的。如果拿某种不可知的悲伤标尺来衡量我们的悲伤，会产生非常奇怪的效果：它拿走了悲伤的普遍性，让悲伤变得如此特殊、如此特别，使我们情感的孤岛变得越来越小，离人们越来越远。

是不是很诱人？拿着我们失去的东西对着光看，就好像一些珠宝商在看珠宝一样——想知道是什么使其如此特别。我知道，艾伦去世后，我不需要任何人来帮我渡过难关。我讥讽过悲伤互助团体。我敢说你们以前从来没有真正讥讽过谁——就是以一种极其装腔作势的方式去嘲笑别人，但我干过。我大声说："他们能不能说点我不知道的东西？"在医院会议室里，互助团体的人拿着折叠椅围成一圈，他们会和我讲他们自己的经历，也是我的经历。每个人讲的故事情形、人物名字、细节都不一样，但那种感觉，那种无法治愈的疼痛感，是我们所有人都能感同身受的。

我想告诉你们的就是他们告诉我的：悲伤让你们加入了一个你以前没想过要加入的俱乐部。不管你失去了哪位亲人，不管是丈夫还是姐妹，还是其他什么人，你都加入了这个俱乐部。悲伤就像投向平静湖面的石头，哪怕小如鹅卵石，也会在湖面泛起涟漪，产生连锁反应。

这本书本身就是一个俱乐部，不仅是为丧偶之人，也是为痛失所爱之人或者爱着那些痛失所爱之人的人，为爱着将死之人或者爱着将死之人的人的亲友们而成立的俱乐部。他们中有些人的悲痛是一团烈火，燃烧一生；有的人的悲痛是一堆灰烬，余温犹存。本书中有些想法是为丧亲者而写，有些则是为那些想要帮助丧亲者的人而写。都读一遍吧，因为你们都需要。最终，帮助其他丧亲者的人自身也会成为丧亲者，而丧亲者也成为帮助他人的人。有时候你既是丧亲者，也是帮助者，这是非常令人不快和不公平的。

今天，你是俱乐部的一员。我也是。

▽ ▼ ▽

我的悲伤简历如下：

·**姓名：诺拉·麦金纳尼**

·**癌症患者之妻：2011—2014 年**

司机、私人厨师、无证护士、

艾伦·约瑟夫·珀茂特的爱妻。

·**性感年轻寡妇俱乐部联合创始人：2014 年至今**

第一任丈夫艾伦于 2014 年 11 月 25 日死于脑癌。

·**丧父俱乐部：2014 年至今**

在丈夫艾伦去世前六周，父亲去世。过分！

·**流产俱乐部：2014 年至今**

我父亲去世前一周，我二胎流产。太过分了！

　　你会注意到，2014年之前我没有任何悲剧经历，因为那时候我确实没有经历过什么悲剧。当然，我听说过许多悲伤的事情，但没有一件是我的亲身经历。当时，我过着非常惬意的生活。我在美国中西部地区长大，是位白人女性，父母十分慈爱，我和三个兄弟姐妹间的关系也比较融洽，没经历过战争、饥荒、种族歧视或贫困。我的悲伤简历上就是一些重要的人相继去世。这份简历对一些人来说根本不算什么，对另一些人来说简直是噩梦。

　　我从没幻想过自己与别人有什么不同。这可能是因为我有三个兄弟姐妹的缘故，也可能是因为我有深刻的自知之明。坐在艾伦遗体边上的时候，我马上就想到：此时此刻，世界上有人和我的感受一模一样。

　　我是对的。

　　不管我们来自哪里，也不管我们做什么工作，我们都有一些共同点，那就是我们都生于人世，最后都会死去。在生死之间，我们都会受苦。不管是经历大的困难还是小的痛苦，我们都会以既特殊又普遍的方式经历苦难。

　　悲伤最终会降临到我们每个人身上。当它来临时，我完全没有做好准备。我生命中的所有人都是如此。艾伦去世的那一年，我做了各种应该做的事和很多不该做的事。我接受了治疗，练了瑜伽，写了日记，蒙在枕头里尖叫过，喝了很多酒，把钱给了不该给的人……这些行为都没有像我想的那样发挥作用。最能拯救我破碎生活的秘方就在我的手机里——让我感觉好一点的不是替自己悲伤，而是与他人在一起的感受。我收到了来自世界各地的人发来的各种信息，他们并没有都经历过丧夫和丧父之痛，但他们都有一段非常痛苦的经历，别人从未问起或已经不再问起这段经历，他们只是想让人们知道他们曾经历过什么，即使只是在网上以给陌生人发邮件的方式，他们也希望可以不那么孤独。

艾伦去世后，我拒绝加入任何形式的互助团体。互助团体只能让人联想到在光线昏暗的教堂地下室里，一群人围成一圈，坐在不那么舒服的椅子上，喝着没滋没味的咖啡，然后集体抱头痛哭。

直到我遇到了莫。

我和莫相遇是因为我们住得很近，所以经常去同一家咖啡馆，已故的咖啡馆老板介绍我俩认识的。就在艾伦因癌症去世前的几个月，莫的丈夫自杀了。我听过她的事情，但并不认识她。当时我的第一反应是：不了，谢谢！我不想当一个寡妇，也不想和寡妇做朋友；我只想做我自己，不想给自己打上任何标签。但问题是咖啡馆老板讲话很有说服力，最后我还是同意见一见莫。我和莫的第一次见面就像我和艾伦第一次约会那样——可能算不上一见钟情，但很明显我遇到了一个会成为我生命中重要支柱的人。在和莫分享我最怪异、最阴暗的想法的时候，莫能完全明白我的意思，说出我的心声。

当时我没有指望能交到一个朋友，更不用说成立一个互助团体了，但事情最后就这样发生了。

我和莫给我俩的组合起了一个闪亮的名字：性感年轻寡妇俱乐部。当然，俱乐部起初只有我俩，但丧夫之人往往会吸引其他丧夫之人，很快我们就真的吸引了一群人。俱乐部里有些人从未结过婚，有些人离过婚；有些人后来再婚了，有些人永远不会再婚；有些人是虔诚的信徒，也有很多人并不信教。这些都没关系。"性感年轻寡妇俱乐部"只是一个名字而已，并没有会所。加入我们俱乐部的条件只有一个：丧偶。除此以外，没有其他条件。有没有结婚、是不是年轻，都没关系。一个人的性感是与生俱来、不容争辩的。如果与你共度一生的人去世了，那你就是俱乐部的一员。

我们的聚会并不是在教堂的地下室里，也没有咖啡（除非是早午餐）。俱乐部没有领导者，没有规章制度，也没有什么仪式。只有快乐的尖叫和拥抱，还有很多眼泪。我们向彼此承诺的唯一一件事就是给我们彼此一样东西，一个朋友和家人很难给予的东西：一个只需要做自己的地方，一个不需要有任何计划、不需要坚强起来的地方，一个不说"一切都会好起来"或"万事皆有因"的地方。

最初，俱乐部的活动不过是我和莫一起喝咖啡，一起在公共场合哭泣而已，但很快俱乐部就发展成了一个由世界各地经历过丧亲之痛的朋友与陌生人组成的网络。

其他也想加入的人会问：如果是她们的姐夫去世了，她们能加入这个俱乐部吗？如果丧偶的是她们的母亲呢？如果她们失去的是一个非常亲密的朋友呢？人们十分渴望加入一个能够理解丧亲之痛，能够接受亲友去世后那令人难受的对话的团体。她们这种渴望的心情令人十分惊讶，现实本不应该这样，因为那些想加入俱乐部的人正是那些发现自己其实对令人悲痛的场景毫无准备的人。她们认识到，为了能给丧亲的人提供一个良好的支持机制，她们需要了解悲痛是怎么回事。

现实生活中的性感年轻寡妇俱乐部由众多脸书小组组成。这些小组都是秘密小组，是搜索不到的，而且小组成员都是不公开的。虽然小组里很多成员之间唯一的相同点就是她们都经历了丧亲之痛，但这些完全由陌生人组成的网络小组改变了人们的现实生活。在众多"性感丧偶者"中（"性感丧偶者"是我们起的昵称，因为有句话说得好，即使是悲伤的人也需要有个俏皮的昵称），有一个成员的手特别巧，每周一都给我们展示如何修理房子里头的各种东西。无论是搬家、理财，还是创建更好的约会档案，性感丧偶者都会互相帮助。很多性感丧偶者休假的时候专门飞到另一个城市，就是为了去见一群比大多数家人都更了解自己内心生活的陌生人。很多性感丧偶者也会因生活中一些无关紧要的小事而议论纷纷，因为互联网既展现了我们最好的一面，也展现了我们最坏的一面。大家都干过同样的事情，就不用装了。

性感年轻寡妇俱乐部教会了我如何活下去，如何去爱，也教会了我"韧性"这个词的真正含义。我希望你永远不要加入这个俱乐部，因为加入这个俱乐部的代价太大了。我现在正在为你打开这个俱乐部的大门，让你一探究竟，哪怕只是开了一点点。因为不管你的悲伤简历是什么样子，有些事情是显而易见的：我们都尽了最大努力，但还远远不够，而且并不是所有事情都会好起来的。我想象不出有哪个医生能针对悲伤的经历开出药方，但我希望他们可以开，我希望我们所有人都能花时间和另一个悲伤的人坐在一起，既不要匆忙地做出什么决定，也不要试图给他们递纸巾或柠檬汁，只要静静地坐在那里，感受他们的悲伤就好。

我曾长时间逃避的那些痛苦回忆现在成了我工作中要讨论的话题。我写关于悲伤经历的书，也在播客上做关于悲伤的节目。谈论悲伤的事情并不会让我难过，而是让我变得理性、务实并且心存感激。我们需要聆听别人的悲伤故事，因为总有一天，我们会成为自己的悲伤故事的主角，届时，我们所聆听过的、目睹过的痛苦将帮助我们度过黑暗。

悲痛是一种感情魔法。失去最亲近的人会改变我们，但我们仍然是我们。悲痛没有时间表，也不会过期。你也并不总是悲伤。

我不是科学家、记者，也不是天才。我只是一个经历过一些事情的人，你也是。

如果你曾经痛苦过或者挣扎过，如果你曾失去过亲人、感受过天崩地裂般的痛苦，如果你曾眼睁睁地看着别人的世界支离破碎而自己却无法提供帮助，你并不孤独。或许你还没有经历过这种悲伤，但不管你的悲伤简历如何，欢迎你加入性感年轻寡妇俱乐部。

1

▼
▽

我悲痛的方式是对的吗？

人们对悲痛的一个普遍看法是，悲痛通常伴随数不清的哭泣，会消耗大量纸巾。对有些人来说确实是这样，但对另一些人来说，悲痛可以使人性情大变。一次丧亲之痛可以使人的整个世界地动山摇，在这种频繁的地动山摇中人们习惯了颠簸。保持生活在颠簸中前进，创造你自己的倾斜和转弯方式，似乎更为安全。

我认识的每一个丧亲者都经历过自己造成的颠簸。他们每个人都有自己怪诞的悲痛方式，这些在关于悲伤的经典书目中是看不到的。我认识的一位女士在她丈夫死后花了 800 美元买锅碗瓢盆。我那时不知道买锅碗瓢盆可以花到 800 美元，但我知道买运动服可以花到 800 美元，我就这么干了。

艾伦死后，我花了很多钱。这并不代表我有很多钱，其实当时我刚刚辞职，身上根本没有多少钱。但我的灵魂深处有一个巨大的空洞，我以为如果我足够努力的话，就可以把这个洞填上。我花了很大力气，但那个洞依然存在。

不是每个人在失去心爱的人之后都会疯狂花钱，但确实很多人会这么干！很多人开始酗酒，喝的比以前多得多。很多人去文身，或者乱搞男女关系。除了那条没有人知道起源的规则——丧亲总是等同于悲伤，我们没有违反任何规则。

丧亲除了令人悲伤，它还是一种无法止住的瘙痒，一种无法满足的饥饿，一种无法治愈的疼痛，是一种精神和身体上的极度不适。艾伦去世后，我的心跳越来越快，并且感觉肩膀、脖子和头部的肌肉越收越紧，拧成一团，还经常头疼。

"我只想把我的眼睛挖出来轻轻按摩几下。"我对一个寡妇朋友说。

"我完全明白你的意思！"她说。我们坐在我家的沙发上，先用手掌根部在眼睛上方静静地按了几分钟，之后才开始互相倾诉彼此的焦虑。

当时我很担心钱的问题。可能是因为那时我常在夜深时去亚马逊网站上大肆购物，常常陷入透支支票账户的境地。她则在担心自己的名声。她在网上遇到了一个男人，在他们第二次约会后就和他上床了。她也没有那么喜欢他，就是喜欢他的想法和拥有他的感觉。她和一个几乎不认识的男人疯狂地做爱，感觉棒极了。之所以感觉棒极了，是因为她必须从根本上改变自己，改变自己的身体。那次性爱就是她在痛不欲生的悲痛中的喘息。

虽然她对那个男人已经不再感兴趣，但她绝对有兴趣和其他人再试试。这是不是太过分了？这样可以吗？没人会知道我到底在网上花了多少钱，但在同一个城市里的人完全有可能碰见她在外面约会。他们会怎么想？

如果你以前没有经历过丧偶之痛，你可能会想：哎呀，这是对悲痛有多么不适应呀！

如果你没有亲身经历过一些事情，可能就很容易对别人轻易地下判断。

人在难过的时候，每次买东西或每次做决定都可以很容易找到理由。我大声说过无数遍："我丈夫死了！我可以做任何我想做的事！"这成了我和性感年轻寡妇俱乐部共同创始人莫的口头禅。我们可以做任何我们想做的事！我们可以更多地文身；我可以把我的头发从淡紫色染成金色，再染成蓝色，结果却不小心染成了绿色；我可以辞职；我可以创办一个非营利组织；我还可以写书；如果我想的话，我还可以和我母亲住在一起。对我周围的人来说，那些看起来是无意识的想法，甚至是奇怪的想法，对我来说都是完全合理的。我父亲、我丈夫、我与艾伦的最后一个孩子都去世了，就算我花了些钱、掉了些头发，那怎么了？就算文了一个糟糕的文身，又怎么了？

我收件箱里满是对自己悲伤行为感到困惑的人的来信。他们怀疑自己是否正常。他们想知道他们悲痛的方式是否正确。

一个住在郊区的母亲怎么会突然想要在脖子上做个文身？一个刚刚目睹妻子死于癌症的人怎么会想要做爱？为什么他们总觉得自己得了流感？

我给他们的回复都是一样的，那就是我不是医生，也不是持有执照的治疗师，但我是一个热情的业余悲伤人类学家。在我看来，这就是说，我看到过很多人以不同的方式表现悲伤，我认为这些方式都是正常的。

朋友的丈夫还活着，自己的丈夫却去世了，因此而憎恨朋友，这是正常的；因看似无关紧要的问题，如"你还好吗"而大发雷霆，这是正常的；在悲痛时，列出朋友和家人在你旁边做的种种错事，这是正常的；在孩子的葬礼上不流一滴眼泪，但当看到和他们面貌极其相似的孩子摇摇摆摆地通过自动门时，在塔吉特百货商场的停车场里无法抑制地痛哭，这是正常的。这一切都很可怕，令人很不舒服、很痛苦，但是都很正常。

正常的悲伤表现之不完整列表

• 在丈夫去世后的第二天，把他所有衣服都送人

• 几个月后再把他的衣服要回来

• 讨厌你的阿姨，因为她在厨房里做三明治的声音特别大，而你的祖母就在几米外的病床上奄奄一息；也讨厌美国家园频道（HGTV）以及真人秀节目《装修兄弟》让"开放式概念"的房子如此普遍

- 因讣告中的措辞而与人打架

- 拒绝承担葬礼上午餐的费用，决定只让前来悼念的人吃一点儿零食

- 穿着你亡夫的袜子

- 希望在每一个人群中看到你去世的亲人，在那一瞬间忘记他们已经去世了

- 把逝者可能碰过的任何东西都保存下来

- 把逝者可能碰过的任何东西都卖掉或捐出去

- 待在你的房子里

- 离开你的房子

- 在庄严的仪式上撒骨灰

- 把骨灰盒放在壁橱里5年，之后扔到后院

- 不为人们做的好事写感谢信，因为觉得在深爱的人死后坐下来给别人写感谢信的想法十分荒谬

- 庆祝去世亲人的生日

- 在去世亲人的忌日（我更喜欢说"忌辰"）悼念

- 感觉自己再也不会爱了

- 感觉自己可能或者真的爱上了一个抱枕

- 非常喜欢健身

- 非常喜欢喝酒（不建议）

- 一天盯着手机的时间长达 12 个小时

我觉得我快疯了

你现在肯定是完全失去了神志。不记得把钥匙放在哪了，不记得把车停哪了，不记得为什么拿起电话、拿起电话要说什么，不记得这个词是什么意思了……所有事情都不记得了。你忘了说过要去哪里，在一个时间点约了两个人或者三个人见面。你把所有事情都取消，就待在家里，赖在床上。

　　我们俱乐部的寡妇称这种行为叫"寡妇脑"，但其他人称其为"悲伤的迷雾"或"悲伤脑"，要么就是"哦，我的上帝，我到底怎么了？！"

　　我确信那时我是得了早发性阿尔茨海默病。就在我丈夫去世之前，我和我丈夫的神经大夫说，我觉得我的脑子像一块湿了的海绵，不能吸收任何其他信息。他点了点头，说："有道理。"他平时话不多，但他向我解释说我因为经历了很多事，很多创伤性的事，比如，我丈夫患病三年都还活着，我父亲仅仅得了5分钟[①]的癌症就先他一步去世了，我的脑子就像一台破旧的电脑，塞得满满的。我需要等待它恢复，先关机，再开机。就像电脑死机的时候，什么都做不了。

我真的成了寡妇后，"寡妇脑"就更严重了。我能把牛奶放到橱柜里，把麦片放到冰箱里。我一次只能读几个句子，而且很难记得今天是星期几。当时人们与我的对话差不多都是这样的：

我：我只是需要……你知道的……我本来打算……就像我说的，只要我们……我们在说什么来着？

你：眨眨眼，耸耸肩。

悲伤改变了我们。虽然我们说的主要是悲伤怎样使我们变得更好，如何给我们提供了一个新的视角和新的生活方式，使我们的生活变得更丰富和更有意义，但并非所有的改变都很容易，也不是所有改变都是好的。"寡妇脑"就是一

---

① 实际上是差不多5个月，但就像我说的，我当时脑子很混乱。

种看不见的疾病。当你已经很脆弱的时候，它会让你变得反常，让你感到无力。我发现它就像一团来来去去的迷雾，通常在艾伦忌辰那几天聚集起来。虽然这团迷雾已经不像以前那么浓了，但它还是会让我想起失去爱人有多么迷茫和黑暗。

如果以前的你不仅可以踩在球上，而且还可以穿着高跟鞋在球上玩杂技、丢火把，现在的你就是在被球吊打。戴个头盔吧，因为这就是你未来一段时间的生活情况。你已经不再是以前的你了，也不会永远是现在的你。你不会总是在不可回收垃圾箱的底部找钥匙，找了半天才意识到你把钥匙扔进了可回收垃圾箱。

艾伦去世已经有 4 年了，我仍然不得不使用各种策略来保持头脑清醒，让生活尽可能地平顺。我会冥想，健康饮食，每晚睡 9 个小时。

这都是开玩笑的。我希望能说是这些高大上的、自励的事情帮助了我，但真正让我走出迷雾的其实是便利贴、待办事项单和我的日历应用。

我一直觉得我的脑子还是一块湿湿的海绵，你跟我讲的任何事情我都会很快忘记。但我不能不考虑我所承担的责

任，我不能和每个人说，"对不起！我忘了"。如今，我有 4
个孩子。如果我忘记去接他们，忘记他们的音乐会什么时候
开始，忘记他们在哪里踢足球，他们真的会很不高兴。同样
地，如果我忘了朋友生日聚会的时间，忘了邀请他们参加我
的婚礼，我的朋友们也会很不高兴。

如果你觉得悲痛过后自己脑子有点不正常，情况真的是
这样。

▽ ▼ ▽

"悲伤脑"应对指南

把所有事情都写下来

记住，是所有事情。再也没有"哦，我会记住的"这种
话了。你不能再相信你的脑子能够记住你的时间表、你的想
法或待办事项了。我在家里各个地方都放了很多便利贴，这

样我想到哪一点，就可以马上记下来。当躺在床上，马上就要进入难得的深度睡眠的时候，我突然想起第二天有件事必须得做，我不会心存侥幸，而是会直接坐起来，从床头柜上拿起笔和便笺，把这件事情写下来。

整合信息

你不能住在贴满便利贴的房子里，所以你要记得把这些便利贴上的所有信息整合起来。我肯定现在你手机里至少有5个待办事项列表的应用，但把所有事情都写在纸上，完成后再一一划掉给人带来的满足感远超任何一个应用。我不知道天堂是否存在，但如果天堂真的存在，那一定是你完成一件事之后的那种感觉。

写入日历

神奇的手机里有一个非常重要的应用程序：日历。我一天的时间安排都在日历上。健身时间表、家庭晚餐计划，甚至是谁在哪个地方接哪个孩子，所有安排都体现在日历上。

周末，我会检查日历和待办事项单，以确保没有遗漏任何事项。过去我常常觉得像"和朋友一起吃午饭"这样的事情都要别人给我发日程邀请有点儿不好意思，但现在，所有和我熟到能一起吃饭的人都应该知道，如果某事不在我的日历上，那这件事情就不会发生。

降低期望

我是一个职场女性团队中的一员。我们每月开一次会，以确保我们的事业平稳进行，实现我们制定的目标。在一次会议上，小组中的一名成员向我们介绍了她前一年的职场表现。她解释说，她的收入下降了20%，可能是因为她哥哥去世了。我在她介绍完之后举手问："刚才是不是说因为哥哥去世了，所以收入下降了20%？"她点了点头。这个女人刚刚失去了一个重要的亲人，尽管她一年中大部分时间都在忍受眼睁睁地看着她哥哥从地球上消失的痛苦，但她并不觉得自己在这种情况下实现了80%的收入目标有多么令人惊讶。我们绝不会期望一个人在悲伤面前保持完美，但我们肯定期望自己能做到这一点。就像我告诉你做好日程安排一样，人们以为可以像安排日程一样管理悲伤，但事实并非如此。你需要日历、便利贴和待办事项单，就是因为你不是一台机器。悲伤也不是一个你可以运行的程序。你是一个人。你的房子可能没有以前那么干净了，你可能没有达到你的收入目标，你的孩子可能现在每周吃两次麦当劳快乐儿童餐，那又怎样？如果在某些时候可以降低自我要求，那就是现在了。给自己打分时要考虑悲伤因素，实现 80% 目标的人拿的成绩不是 B-，而是表示棒极了的 A++。

按自己的节奏来

你知道某某在孩子去世后过得特别好吗？某某看上去是不是过得比以前还好？你永远也想不到，就在一年前，她整个人都是崩溃的！在应对悲伤的时候，你周围总有一些人看起来做得比你要好得多。可能他们确实如此，但也有可能他们整晚都蒙在被子里尖叫，然后在 Instagram（照片墙）上发些励志的东西。最近我认识的一个寡妇说："三年前我就以为我会比现在做得更好。"说得好像她的悲伤期早已到期一样。为什么她认为自己应该做得更好？因为好像很多寡妇都做得比她好。除了比较我们的悲伤，我们还倾向于比较我们应对悲伤的方式。她的悲伤是她的，你的悲伤是你的。你完全可以按照你自己的方式，根据你的时间安排去应对悲伤。

3
▼
▽

可怕的事情发生了

如果艾伦去世是发生在 100 年以前，那我估计我会向维多利亚女王学习，穿整整一年的黑色丧服，甚至可能会戴上一顶寡妇帽——一款非常迷人和引人注目的头饰——这样肯定能在孩子的幼儿园大出风头。我可能还会穿一款特别的衣服，以向其他人表明我经历了巨大的悲痛，应该被谨慎对待，人们在人行道上碰到我，最好敬而远之。但艾伦去世是在 2014 年，我也不是女王，只是美国中西部地区的一个寡妇，还带着一个孩子。我有账单要付，有孩子要养，要在被绑住双手的情况下努力游过一片悲伤的海洋。

我不知道该怎么做。

我周围的人也不知道。你知道吗，我丈夫是 35 岁去世的，他是他朋友中第一个去世的。我们身边最亲近的人都没有过照顾丈夫的经历，没人知道医疗护理指示的重要性。

亲人死亡的直接后果是让丧亲者脑子忙乱、心灵麻木。举办葬礼需要做很多计划，而这些待办事项会让你产生一种错觉——以为你知道自己在做什么，以为悲伤只是一些需要勾选的方框。待办事项单清晰明了，内容翔实，任何人都可以轻松地行动起来。若想给悲痛中的人提供帮助，这就是一个完美的方案。我母亲打电话叫了丧宴筹备人员，我姐姐安排了场地，艾伦的发小给他做了一个骨灰盒。美国人对丧事的细化和商业化意味着不仅仅是最亲近的亲友，我们周围的每个人都知道下一步该做什么，因为无论死亡是多么令人惊慌失措，无论死亡的破坏性有多强，总有几个简单的步骤人人都能做到：

1. 寄张吊唁卡

最好是用色彩柔和的纸，配上含糊的安慰语和不分宗教信仰的措辞。确保信上没有提及"死"或"死亡"等字眼。表达同情或表示吊唁，后者更佳。我喜欢吊唁一词，因为"吊唁"（condolences）一词在英语里的发音听起来像是一种美味、热乎的糕点。

2. 带点吃的

虽然悲伤的人并没什么胃口，任何东西吃起来都像是有些许苦味的沙子和木屑，但是不必管这些，还是带点吃的去吧。在我老家，我们认为治愈心碎的唯一方法就是吃热乎乎的奶酪面包。

3. 参加葬礼

葬礼之后你不必留下来吃难吃的火腿三明治午餐，但你必须露面，向死者家属展现你悲伤的面容，并再次向死者家属表示安慰。记得穿黑色或接近黑色的衣服，在人群中站得尽可能靠后，别忘了在留言簿上签名，让死者家属知道你去了。

4. 继续你的生活

恭喜你！你做到了！你帮助某人度过了悲痛期！

只不过一旦葬礼上的噪声停止，丧事办完，丧假结束，悲伤就会从冬眠中醒来，而这时我们再没有待办事项单告诉我们要做什么。

除了刚开始不需要过脑子的几个步骤外，没有人知道我们该如何应对悲痛、失去或悲伤。所有自称是专家的人都是骗子，因为即使你经历了一千次失去，每一次失去的悲痛还是不一样。你可能失去了母亲和兄弟，但当你父亲去世的时候，这仍然是你的第一次。你可能有一个患有先天性心脏病的侄子，但碰到一个有先天性心脏病的陌生人，情况就不一样了。这些经历对你和你周围的每个人来说都是新的。

因为我是亲身经历过这些悲痛的人，所以我生命中的每个人都向我寻求指导。他们应该做什么或说什么？好心地询问和侵犯个人隐私之间如何界定？这种悲痛的过程到底会持续多久？那时我是他们的领头羊，但其实我自己也一无所知，只知道在荒野中瞎转。

一个好的领导者会转身面向队友，可能还会单膝跪下，看着队友们的眼睛说："队友们，我不知道我在做什么。"整个团队都会尊重他的弱点，团结在他周围。接着，一群普通人会一起努力，劈开一条道路，一起走出悲伤。之后这个团队会变得更强大、更亲密。

但当时我并不是一个好的领导者。那时我没有意识到自己的失误，抑或是不愿意承认这点。现在我已经知道，领导无能为力的时刻其实是团队的机会。这听起来像是一张印有雄鹰图案的宣传海报，美国每一栋办公楼都有这样的海报是有原因的！因为不管怎样，这确实是真的。

　　我的朋友艾米丽·麦克道尔创造了一套非常受欢迎的问候卡。她说："人与人之间的联系就是大家都会把事情搞砸。完美缺少人性。"完美不仅仅无聊，还会使人孤立，而且也是不人道的。

　　我们为什么要擅长这样的事情？为什么我们要在这种混乱无序的事情上面自发成为优等生？

　　以前我不知道什么是悲痛，甚至不知道悲痛是什么样子。

　　以前我对悲痛的认知还停留在我读中学的时候。那时我的舅舅汤姆在建筑项目的施工过程中不幸从屋顶上摔了下来。他去世前昏迷了几周，在 11 月 3 日，也就是外祖母生日的那天，他离开了人世。汤姆舅舅出事的时候，我看到我父母都哭了。我看到他们在汤姆舅舅的葬礼上悲痛欲绝。在那之前，父亲只在我面前哭过一次，就是两年前我祖父去世的时候。汤姆舅舅的葬礼过后，我们再也没有谈起过他。好几个晚上我都在床上为他默默流泪，我想我一定是疯了。家里其他人都没哭，母亲依旧按时上班，她给我们做好午饭和晚饭，每天晚上坐在我父亲旁边看书，好像他们的生活已经恢复了正常，但我还没有。我觉得我自己什么地方有问题，我以为我一直掉眼泪，一直悲痛不已，是因为自己做错了什么。因为就像我看到的那样，人们的悲伤在葬礼结束时就结束了，就"尘归尘，土归土"了。葬礼结束后，回到车上，就回到了现实生活中。

我现在知道母亲当时不可能像她表现的那样平静。她弟弟去世了，留下了三个男孩，这三个侄子和他们的妈妈生活在一起后，只会离我们这一家人越来越疏远。她其实是崩溃的，但她在尽力维持一个正常母亲的形象。她是为了我们才这么做的。她只是不想让我们为她或者为父亲担心，她不想她的痛苦变成我们的痛苦。当我在床上默默流泪的时候，她也在床上默默哭泣。

我那时坚信，作为一个寡妇，作为一个母亲，以及作为一个普通的女人，我能做到的最好的姿态就是坚强起来，不成为别人的负担。就像我母亲一样，我给人留下了一个非常坚强的印象。我每天涂口红，确保在 Instagram 上发的东西没有过于悲伤，每天都在做一些让我忙碌起来，不会让我有任何悲伤感觉的事情。

但这些都没用。悲伤还是会从我的眼里流露出来，使我彻夜难眠。我只是跟谁都没有说而已。

艾伦去世后，别人最常问我的问题和他去世前别人最常问我的问题是一样的：

"你还好吗？"

我们经常会漫不经心地问别人这个问题。在单位走廊上碰到同事时，向杂货店的收银员打招呼时，我们都会问对方这个问题。这是一个非常深刻的大问题，但已经被人们用成了寒暄问候语。我们知道，这个问题的提问十分简洁，我们也只能同样简洁地回答。我们必须说"挺好"或"还好"，因为如果回答说"我丈夫去世一年了，我仍然觉得我好像是把一块熔化了的悲伤之石吞到了肚子里"，就意味着打破了社会公约，该公约坚持认为我们要向他人展现出最好和最快乐的一面。

所以我们要么什么也别说，要么就说"挺好"或"还好"。点头微笑，把那块熔化了的悲伤之石留给自己。

这是应对悲伤比较安全的做法。这感觉很可怕，但更可怕的是想到我们周围的人如果知道我们的真实感受，他们会有什么样的反应。

▽ ▼ ▽

　　我是在美国中西部地区写这本书的。这里的人非常节俭，购物时大家都会用优惠券，买打折商品。在黑色星期五购物节的时候，他们可以为了买到打折品而露宿街头或是大卖场门口。你要是称赞一个中西部地区的人穿的衣服好看，他就会告诉你他花多少钱买的，用了几张优惠券，还因为衣服上有个扣子松了获得了额外10%的折扣，然后他回家自己缝上了，这简直太赚了！如果有什么东西打折出售，大家一定会发现并且会购买，然后吹嘘一辈子。

　　这种节俭也体现在情感上，尽管不是只有美国中西部地区的人才有这个特点。对于同情这种人类最易获得的、最廉价的情感，我们十分慷慨。我们同情难民，虽然我们只是在脸书上看到了他们的照片；我们同情那些在杂货店结账时排在我们前面，却买不起购物车里的东西的人；我们同情站在高速公路的出口，向我们要点零钱的乞丐。为某人感到难过是很容易的，我自己也很擅长这个。从我记事起，这就是我的一项天赋。我经常为别人感到难过。对我来说，同情他人可以很容易让我觉得自己是一个好人，一个有爱心的人。别人的痛苦可以感染我，我真的为他们感到难过，然后，就这样，没了。我会把那个人或那种情况从我的待办事项单上划掉，让自己不至沦落至此。

我朋友吉恩的父亲去世的时候，我 27 岁。他父亲的死亡来得十分意外，令人震惊，我为此感到非常难过。我的朋友很悲伤，他家人十分悲痛，我也非常难过。我做了所有该做的事：我去参加了葬礼，寄了一张卡片，可能还带了一道热菜。就这样了。吉恩的悲痛已经了结，我没什么可做的了。整个过程从开始到结束只花了 7 天时间，但感觉好像过了很久。之后我再也没有问过吉恩关于他爸爸的事，因为我不知道该说什么，我也不想让他难过。如果吉恩在谈话中提到他父亲的去世，就像所有好朋友一样，我会尽快把话题转到一些令人快乐的事情上去。其实在此期间，我常常对吉恩父亲的去世感到难过。我为吉恩难过，为他的几个姐妹难过，对他去世的父亲十分同情。

直到我丈夫去世，我成了别人同情的对象时，我才真正了解同情的含义。无论我走到哪里，我都觉得自己被周围的同情所淹没。我不能忍受和其他人待在一起。他们眼里含泪，一脸悲伤，看我儿子的样子就像在看一只迷路的小狗。

这些都让我无法忍受。可怜艾伦 35 岁就去世了，留下一个孤独的妻子和一个可怜的孩子，真是太惨了！人们为我们感到难过。

我不想让人们为我难过。我不想看到他们在艾伦葬礼上看到我的孩子在地板上玩耍时心里难受的样子，也不想看到他们在杂货店里朝我露出的那种略带悲伤的微笑。他们的同情不是了解我痛苦的桥梁，而是困住我的一个笼子，好像我是可以看、可以研究的什么物件。

"我无法想象。"人们会对我说。我就会在心里吐槽："你想象力真差。"因为我几乎可以想象任何事情：滑着滑板的恐龙，一场使我全家遇难的车祸，艾伦的妈妈失去独子的痛苦，等等。有些事情想象起来比其他事情更有趣，但我们越是难以想象什么东西，我们可能就越需要去想象。

共情就意味着想象力丰富，不是从你的角度想问题（如："我不想去参加葬礼，这太难受了，我会觉得很尴尬。"），而是从别人的角度想问题（"她刚刚失去了一个孩子。她也不想参加他的葬礼。她宁愿去给他挖鼻屎或者告诉他该吃饭了。这对她来说比对我来说更难。"）。如果这听起来很熟悉，那是因为我们的父母、祖父母和幼儿园老师把这种想法叫作"站在他人立场上想问题"。但我们太年轻了，可能无法理解这是什么意思，当听到说要"站在他人立场上"时，心里可能想着，"才不要呢"。

同情把我们的心封闭了起来，锁了起来，而共情可以打开我们的心扉，让我们相信别人的痛苦有一天也可能会成为我们自己的痛苦。同情无法真正理解他人的痛苦，就好像是说，"悲伤是他们的，不是我的"。同情使人流下眼泪，然后继续前行，但共情可以让人卷起袖子去行动，让人全身心投入。

共情是一种努力，努力总是困难的。总体而言，我们大多数人都不喜欢困难的事情。如果在健身课上没有人监督我们，我们是会加大动感单车的阻力，还是会保持现状？如果办公室允许员工周五早点下班，你会发现，午饭过后大多数人的桌子就空了。当地开市客超市的停车场里，很多购物车就停放在停车位的中间，好像对那些刚往车里装了几加仑花生酱的购物者来说，把购物车送回还车处实在是太难了。

谈到悲伤，我们都无能为力。我们所有人都是如此，甚至我自己也是这样，可能我更是这样。我很多亲人都去世了，但当我面对别人的痛苦时，我发现自己还是在找合适的措辞。最近，我在机场遇到了一家人，他们是我一个朋友的朋友。我们都在排队过安检，于是就开始讨论起排队时唯一相关的话题：大家要去哪。他们要去波士顿。

在排队等候安检的时候，我说："真不错！"

"我们其实是去给她做救命的心脏手术。"她妈妈说。我愣住了。

我侄子加布就有危及生命的严重心脏缺陷。我知道给一个孩子做心脏手术这件事有多严肃，也知道我嫂子带着孩子走进医院时有多紧张。但是我对他们说了什么安慰的话呢？就这些：

"心脏手术？？真糟糕！"

我对一个小女孩和她即将要做的心脏手术说了个"真糟糕"。

小女孩的妈妈看着我，爸爸看着我，小女孩本人也看着我。我给他们的就是他们说出来的时候所害怕遇到的：别人的一大堆同情，简直是一波同情的浪潮。我的话尴尬地悬在半空中，在霓虹灯下闪烁。

"我真是个白痴，"我承认道，"我不知道该说什么。"

小女孩很快说起了一个更有意思的话题——她的 iPad

（平板电脑），随后，她的父母笑出了声。然后，我也笑了。

他们很有风度地意识到，不是每个人都知道如何面对威胁儿童生命的疾病，甚至是一个以谈论死亡、失去和悲痛为生的人也不知道。我认真地反省了自己，承认我并不擅长讨论刚才的话题，只是为了避免谈话陷入沉默，就匆匆忙忙地发了个声，讲的话纯粹是垃圾。

我以前很讨厌一些人朝我说错话，现在有时还是很讨厌，直到我想起我曾经在机场对一个小女孩说"真糟糕"。

如果你感到悲伤，感到孤独，如果你发现自己因为不知道该说什么而疏远了某人，我知道你需要说什么。你以前也说过这话，只是没对需要听的人说过。

这话是这样的：

"我不知道自己在做什么。"

那我们就一起把事情搞砸，做普通人吧。

4
▼
▽

写给孤独的人

孤独不仅仅存在于你的脑海之中。

丧亲就是件会令人孤独的事。

事实证明，死亡只是开始。你失去了一个人，然后还会不断失去其他人。他们并不是全都去世了，尽管有时也会发生这种情况，可惜殡葬行业并不提供经常消费折扣。你爱的人往往只是消失而已。这个"消失"不是字面意思，你还是可以在脸书上关注他们，所以你知道他们中有些人的丈夫刚刚升职，有些人最近在密歇根上半岛度过了一个长周末。但他们和你打电话的次数变少了，后来就再也没打过电话了。你在塔吉特百货商场看到他们的时候，你们都说今后应该多聚一聚，但大家都知道以后不会再聚了。

我们每个人都是自己社交圈子的中心。你逝去的亲人也有他们自己的社交圈。那些以他们为中心的交往、朋友和关系不会自动转移到你身上。有些交往就永远停止了。

我不仅是失去了二胎，失去了丈夫，失去了父亲，而且在他们去世 6 个月后，我失去的人越来越多。我原先的几十个朋友最后只剩下了三个，我最喜欢的家人现在几乎都成了陌生人。不是说每个从我生命中消失的人都是坏人——事实上，他们都很好——他们只是能力有限，不知道自己该做什么，我也没有精力去教他们。丧偶带来的孤独不只是情感层面的，不只是因为失去了爱人而感到孤独。孤独是真实而具体的，它是不再响起的电话，是没收到邀请的聚会。

在丧亲之后社交圈子还能和以前完全一样的人肯定是最幸运的。他们的朋友和家人会更加亲近，关系会更加紧密。而我们大多数人一年后清醒过来才发现，过去的好朋友现在只是泛泛之交。

我有什么毛病？！我想过这个问题。这些人是不是从来就没喜欢过我？他们以前是不是看在艾伦的面子上在容忍我？我确信，他们的离开只能说明我自己有问题。也许有些确实是我自己的问题，毕竟在失去伴侣的一年里，我们中有谁是处于最佳状态吗？但我相信这种关系的变动是死亡带来的后果之一。

　　就像你在亚马逊网站上冲动消费时买的大多数东西一样，并不是所有的关系都是建立在持久稳定的基础之上的。有些友谊注定只能持续几个季度，最多 10 年。追着告诉他们说你仍然值得他们花费时间去关注，似乎只是在浪费你宝贵的时间。

　　不是每段人际关系都经得起这种考验。

5

▼
▽

出
现
就
好

小时候我是在一所很小的教会学校上学，与同年级的 50 个小孩一起上了 9 年学，对他们是又爱又恨。他们就像是我的兄弟姐妹一样，只不过每天 8 小时的上课时间结束后，我们每个人都会回到自己的父母和兄弟姐妹身边。正是在这所学校，我知道了耶稣受难的苦路十四处①和社交焦虑。我们学校的习惯是举行派对要向年级里的每个人都发派对邀请，虽然我们很清楚不是每个人都会来。尽管如此，我们还是会给每个同学都发邀请，希望对的人能来。很显然，对的人是那些酷小孩，就是那些牙齿整齐，头发闪亮，无论走到

①　苦路十四处是耶稣在耶路撒冷受难时，背着十字架从彼拉多巡捕房到其受难被葬处所经过的道路，后发展为教徒为缅怀耶稣受难而设置的崇拜路线。——译者注

哪里都能一呼百应的人（要知道文法学校是很现实的）。

这种感觉，即希望对的人出现的这种感觉，我一直都有。可能大多数介于酷与不酷之间的人都有这种感觉——我想和办公室或行业内对的人交朋友，想让对的人来参加我的派对。

艾伦去世后，我想让对的人出现。我成了一个一丝不苟的记分员，专门记录别人没有出现的次数。注意到谁没出现是很容易的，就是那些不再上门的朋友和消失了的家人。我记这些干什么呢？我死死地抓住不放，暗暗埋怨那些该来却没来的人。这是一种单向的埋怨，那些没来的人做什么都不能弥补。我没有主动告诉她们说我很受伤，因为我一直在等她们出现，发现她们没有出现的时候，我整个人都崩溃了。我没有主动说，而是一直等着她们来找我。她们应该主动来找我，是吧？她们的丈夫和父亲还活着，怀的第二个宝宝还好好的。她们应该爬过来找我！给我发短信、打电话，在某个周六的下午过来看看我。就算我没有明确表达出来，她们也应该理解我的需求！她们理应陪在我身边，而不是让我去找她们。我把我自己和我的痛苦放得高高的，认为自己比所有让我失望的人都要优秀，认为自己无可指摘。

当我在盘点那些我觉得应该出现而没有出现的人的同时，我收到无数条陌生人和泛泛之交发来的信息，他们想知道能为我做些什么，怎样才能帮到我。答案是："我不知道。"因为我确实不知道。我以前从未经历过丧偶，我不知道我需要什么，也不知道我能向陌生人要求什么。我越来越讨厌人们问我这个问题，因为就好像是收到一个请求："你好，诺拉，我愿意帮助你。请想出一个适合陌生人完成的任务，并卑微地问我是否有时间或兴趣去做。"骄傲这种东西我是没有的，所以在我需要帮助的时候，我会尽力去寻求他人的帮助。有一次，我问一个近亲，能否帮我照看儿子拉尔夫 20 分钟，让我去跑个步。"再不去发泄一下，我就要疯了！"我发短信跟她说。一小时后，她回说："对不起！已有早午餐安排。下次吧！"从那时起，我就决定再不求人帮忙了。如果一个亲戚都这样回复，那陌生人怎么可能会优先考虑我的绝望呢？我宁愿不再问了。

我收到过另一个朋友给我发的好几条信息，问我是否收到了艾伦去世时她寄给我和拉尔夫的包裹。艾伦去世的时候，我们收到了很多包裹。我决定不去特意记谁给我寄了什么东西，而是在我记得的时候，能感谢谁我就感谢谁。如果你真的需要我的感谢才给我送吃的，那我觉得你搞错了。艾伦去世后，我见过这个人好几次，每次她都会跟我提到她送的东西，每次我也都感谢了她。我想，我再不收礼物了，如果他们给我送一些我从没说过想要而且可能我会直接扔进垃圾桶的东西，就是为了让我永远感谢他们的话，那我再也不收陌生人送的礼物了！

所以我尽量什么事情都自己做。艾伦去世几个月后，艾伦读大学时的一个朋友的妻子汉娜给我发了一条信息。汉娜和我不知何故从未见过面，但我知道她是谁。她没有问我过得怎么样，也没有问她能为我做些什么。她告诉我，她在开市客超市给家人买日用品的时候想到了我，也给我和拉尔夫买了一些。她会把给我们买的东西放在台阶上，甚至我都不需要给她开门。我开始想拒绝的，但后来打开冰箱一看：牛奶没了，抽屉里只有几个苹果在滚，其他什么都没了。"谢谢！"我回答她。看到她的车开走以后，我打开门把东西拿了进来。那天晚上，拉尔夫和我吃了一顿丰盛的晚餐。

汉娜和我以这种方式相处了好长一段时间：她给我的好意不需要回报，我则接受了她的好意。我俩真正见面那天晚上，是艾伦去世之后我哭得最凶的一次，比我和家人在一起的时候哭得还凶。

汉娜做了一件别人很难做到的事情：她先考虑自己能做什么，再反过来想我能做什么。她不需要感谢，也不需要指示，她做了她能做的事，她做这些事没什么原因，没什么计划，也没有期望回报。她赠予我的礼物意义深远，不仅仅是因为她送的黄油好吃（我现在是按磅买），还因为她给了我真正的友谊。她是那种会出现在你身边的朋友。

出现不仅仅是一个身体动作，也可能是你想起一个人的时候，给他们发发短信，或是在人们不再给他们写卡片的时候，当他们觉得房子很安静的时候，给他们寄一张卡片。

后来我意识到，汉娜比我的朋友更容易出现在我身边是因为汉娜不害怕失去什么。我和她没什么往来，不会把事情复杂化。她不知道我有多少烦恼的事情，也不知道我对我爱的人期望有多高，她只看到了一个受伤的人，也知道自己的能力，就把两者结合在了一起。在我自己的生活中，我试着多像汉娜那样思考，而不是像我自己那样。当我面对别人的痛苦时，我仍然苦苦挣扎，试图做对的事情，说对的话。我挣扎的原因和你挣扎的原因可能相同：因为如果你不能解决问题，你能做什么？

人们看到一个人生活崩溃时会问："我能做什么？"这个问题的答案就是另一个问题：

"你能做什么？"

因为总有你能做的事情。在你的能力和他人的需求之间总有重叠的地方，你做点什么都可以。做这些事不需要他人的感谢或感激，也不用考虑能不能让你觉得舒服。

去帮助那些看起来不需要帮助的人是件很困难的事情。我又很擅长假装自己不需要任何人的帮助。如果他们问起来，我会告诉他们我很好。也许他们真的问了——我不记得了——但如果他们问了，我可能会告诉他们我没事，他们不需要为我做什么。不过我希望他们能看穿那个谎言，不管怎样都能出现在我身边，做那种我都不知道自己需要的朋友、兄弟或阿姨！为什么人们很难读懂我的心思？为什么我很难理解他们的想法？因为我们都不会读心术。面对难题时，人经常在脑海中进行各种假设，这些假设让我们最后什么都没做。那些爱我却让我失望的人只是害怕做错事或说错话，所以他们什么也没做。我也害怕同样的事情，害怕如果我说了我有多么孤独、多么沮丧、多么失望，我会毁掉和外界联系的最后一座桥。

▽　▼　▽

逝者与我们的关系越复杂，就越难以讨论。性感年轻寡妇俱乐部里有很多是失去前男友或是前夫的人。她们不知道自己是否还有权为他们的死亡感到悲伤，就好像你和另一个人的感情和经历在你们关系破裂之时突然一下子从云端删除了一样。有个女人哭着对我说，她是唯一一个还在为她的前夫的死感到悲伤的人。她的前夫在他们离婚多年后自杀身亡。她后来再婚了，但前夫没有再婚；虽然他们没有复婚，但她仍然爱着他。她现任丈夫能理解她前夫的死亡给她带来的伤害，但她的父母不理解她为什么如此悲伤。他们都离婚了！

问一个人为什么会为前夫的自杀而感到悲伤似乎是我听过的最愚蠢的五个问题之一。会问出这样一个问题的人肯定是一个没有失去过爱人的人。

我能明显看出这个女人的孤独。她不知道怎么交新朋友，因为她希望她的朋友能理解她的痛苦。她不知道该和父母说什么，因为父母根本无法理解她为什么会为前夫的自杀而悲伤。她不知道该和现任丈夫说什么，因为她担心他可能因她对前夫念念不忘而难过，尽管他说他能理解，他也想要帮助她。

"你把这些都和你的家人和丈夫说了吗？"我问她，她摇了摇头。她的家人不知道他们伤害了她。她的丈夫一直支持她，对她很好，却不知道她暗暗担心自己为前夫悲伤是不是其实伤害到了他，而他只是因为太好了，所以什么都没说。

伤害你的人往往不知道自己做了什么，也不知道你的感受。如果我们都有个情感蓝牙可以互联，让我们了解彼此内心深处的感受，生活会简单得多。①

"我想你应该告诉他们，"我对她说，"就像你告诉我的那样，我认为你应该把你刚刚跟我说的一切都告诉他们。"

最好的情况是，她的家人听到他们对女儿的伤害后，意识到了自己的错误，对她的悲痛重新表示理解。她的丈夫向她保证，他不会因为她为一个已经去世的男人悲伤而嫉妒。最坏的情况是她的父母不能理解，依旧无视她的感受和担心，她会感觉更糟了。

在你的生活崩溃时，记住你不是唯一一个对此感到陌生

---

① 我在开玩笑！这是一个可怕的想法，如果你是一个技术天才，请不要尝试这个。

的人。虽然守寡对我来说是陌生的体验，但对我周围的人来说也是陌生的体验。尽管我不愿意承担任何责任，但我和那些没有出现的人一样，都有错。我就像个神经错乱的高中校长数落学生一样数落着他们的过错。他们是应当出现，但我也应该给他们交代一下我的感受，开扇门，让他们有机会走进我的生活。

不管你有没有要求，总有一些人不会出现。这很伤人，但也能帮人。在有人出现在我们身边，告诉我们他们能做什么、不能做什么的时候，我们就可以据此调整期望。如果有人说他们确实已经尽了最大努力，但他们的努力还是不够好的时候，我们就可以去找更适合的人，即使让我们失望的人是我们的父母。事实上，帮助你度过这段时期的可能不是小时候帮你擦屁股、十几岁的时候付钱让你为牙齿整形的人，也可能不是在中学同学录上写"像姐妹一样爱你"的人。这些人使你成为现在的你，他们可能还会出现在你的生命之中，只是扮演了不一样的角色。如果他们不是帮助你度过悲伤时期的支柱，就会给其他人——更适合这个角色的人——留下空间，而这些人可能不是你认为应该出现的人，但他们却出现了。这就使得他们成为对的人。

几条最简单的与丧亲者相处的方法

如果你很悲伤，我建议你拍下这一页文字的照片，发到 Instagram 的个人主页上，不添加任何评论，做消极抵抗状。

记住重要纪念日

把逝者的忌辰、生日、周年纪念日和其他重要日子记在你的日历上。丧亲者知道自己的儿子什么时候该满 16 岁，或者丈夫什么时候该退休。在重要的日子里与他们联系可让他们知道他们并不像感觉中那样孤独，但也请记得，届时他们可能十分脆弱，可能需要更多耐心、关爱或个人空间。

说出逝者的名字

逝者也有名字。对丧亲者来说，从其他人嘴里听到逝者的名字就像是一剂有治愈功能的止痛药。你可能害怕说出他们所爱之人的名字，因为觉得这会让他们想起自己失去了什么。丧亲者不是忘了爱的人已经去世了，他们最害怕的是其他人会忘记逝者。说出逝者的名字能告诉丧亲者，他们爱的人真实存在过，他们的生命十分重要。说出来，念出来，讲出来。

不是事事与你有关

很多寡妇跟我说，因为她们没有回复朋友发的早午餐聚会邀请，或是没有去参加朋友的烧烤聚会，让她们的朋友十分恼火。朋友们想知道为什么她们不能来聚一聚，就是和朋友一起吃顿便饭而已，如果不来也至少记得尽快给他们一个回复，不知道为什么她们做不到。难道悲伤是她们不礼貌的理由吗？嗯，算是吧，何况问一个丧亲者为什么不能来参加早午餐聚会也不算特别礼貌。悲伤是不可预测的。一个人与逝者的关系越亲近，就越难预测他在某一天的感受。提醒你自己，丧亲者正在经历一些非常艰难的事情，这些事情与你无关，即使这会让你的早午餐聚会人数成为奇数。对你自己说，即使这个世界似乎常常是围着你转，但在这种情况下，它肯定不是。

从小事做起

对艾伦去世后的第一个母亲节，我没抱什么期望。如果艾伦还活着，他会和拉尔夫一起给我做早餐，送我一份绝对不是拉尔夫买的礼物。我把手机上的脸书应用卸载了，这样我就不必看到朋友的爱人为他们孩子的母亲做的各种甜蜜的事情，我准备和拉尔夫两个人简简单单地过一天。但令我没想到的是，母亲节那天我收到了一束美丽的鲜花，署名是"拉尔夫"。当时我儿子拉尔夫才两岁，没有信用卡，也不知道怎么上网，这花明显是另一个人匿名送给我的，他知道艾伦会在母亲节那天给我送花，所以才给我预订了花，以确保当天我也能收到花。如果你想为他们做点什么，那就做吧。不一定做什么大事，也无须多么花哨。你甚至不用署名，可以在他们信箱里放些杂货店的礼品卡，或是在他们醒来之前帮他们把门口的雪铲了。即使是（或者说尤其是）在逝者去世很久之后，还可以用逝者的名义向有关的慈善机构捐款。关心他人永远不会太迟。

拒绝社交媒体

不是每个人都想在社交媒体上分享他们的悲伤。

不是每个人都想为观众在线表演他们的悲伤，或者开放个人动态，从朋友、家人和认识的人的视角看到自己有多么心碎。普遍规则是如果你没有在社交媒体上看到与逝者最亲密的人发消息，这可能是有原因的。让他们决定如何发布逝者去世的消息吧。你可以把你的感受写在日记里，而不是放在脸书上。这点很重要。

关于参加婚礼

我知道婚礼会让人情绪激动。我知道你在想，我应该邀请他们吗？让他们当婚礼嘉宾对他们来说是不是太过分了？也许吧。你可以在邀请函上补充一句：我们很希望你能参加，但如果你不能来，我们也完全理解。另外，在邀请函中写上：欢迎偕伴参加。我知道办婚礼很贵，大家都要省钱，我也知道婚礼只想邀请亲友参加，没人想在他们的婚礼照片上看到一个陌生人。但如果你真的打算邀请一个寡妇参加你的婚礼，至少要给她机会，以缓冲情绪或缓解尴尬。如果你真的为多出来的晚餐费用而感到压力很大，那就把晚宴发票明细寄给 TED 报销。[①] 否则，就在给寡妇的邀请函中写上"欢迎偕伴参加"！不接受例外，不接受任何借口。

---

① 别这么做。TED 不会报销任何婚礼发票。——TED 栏目编辑注

6

▼
▽

嘘，保持安静

我有一份很需要共情能力的工作：我在做一个播客节目，受访者在节目中讲他们一生中最艰难的经历。很多人讲的是十分痛苦、令人崩溃的事情，如：宝宝早夭，妻子酗酒，父亲一去不回，等等。很多故事并没有一个幸福的结局。所有这些故事都有一个共同点，那就是故事的经历者很少认为他们的经历是最悲惨、最难过的。事实上，他们都不知道为什么我和听众会对他们的经历感兴趣。为什么会有人想听别人经历过的最悲惨的事情？原因有很多，其中有些原因连我们自己都没有意识到。我们倾听是为了做情感建设，为我们自己或我们爱的人遭遇不幸时做好心理准备；我们倾听是为了宣泄，为了释放内心压抑的情感；我们倾听是因为我们八卦或者好奇，或是为了提高自己的同理心；我们倾听是为了知道一旦自己遭遇了这些事情，或者知道别人也有类似的经历，我们该怎么办。听一档讲述人们生活中种种困难的播客节目比听生活中的朋友讲述自己的现实经历要容易得多，因为在现实生活中，人们会有眼神交流，餐馆邻桌的人还会时不时地偷听。听播客节目，可以暂停，可以快进，听一个讲述者娓娓道来，加上节目中还配有背景音乐，适时地提示你什么时候该皱眉，什么时候该哭泣，人们听起来就容易多了。

我最早的童年记忆是晚高峰的时候坐在母亲的沃尔沃旅行车的前排，落日的余晖照着我的眼睛，母亲坚持要听"爵士乐和交通"电台。我知道母亲刚在办公室小隔间里辛苦工作了 9 个小时，就是为了让我和我的兄弟姐妹上私立学校，但我不管这些。我想让她用上下班时间来逗我开心，和我说话，问我在中学学校里发生的各种有趣的事情。一天晚上，我说："妈，我讨厌安静。你不讨厌安静吗？"

我母亲看着我，用一种我希望有一天我也会有的平静语气对我说道："不讨厌。"

对我来说，安静是需要用话语来填补的空白。那时我还不知道安静的可贵之处，也不懂留白的美妙所在。安静对我们许多人来说都是十分可怕的。我们习惯于让身体、思想和嘴巴处于时刻忙碌的状态。我们的日程安排像一个多色棋盘，时刻告诉我们下一步要去哪。我们与朋友、家人联系时通常是一心多用的——我在车上打电话，在跑步机上走路的时候发邮件。但生活中总有一些时候所有事情会突然陷入停滞，就像猛踩刹车、差一点点就要撞上前车保险杠时一样。出人意料的噩耗通过电话传来，整个电话的通话时间可能不过几秒。一个孩子诞生的时候，房间里的每个人都在等待，等待听到新生儿的哭声，这是生命的声音。爱人去世，呼吸停止的那一刻，人们也是安静肃穆的。在这些时刻，我们并不急于打破沉默。那是需要快速剥离混乱、理清思路的时刻，是从废话中整理出真实的时刻。那时，其余的一切似乎都是混沌一片，只有当下才是最重要的。这种思路清晰的时刻转瞬即逝，是在我们重新陷入混乱之前十分短暂的瞬间。

每天忙忙碌碌的我所追寻的正是有关这些时刻的记忆，那些我希望可以不用非得爱人去世才能获得的时刻。

我不再讨厌安静。安静不再是等待我用真知灼见去填补的空白。相反，安静的时候可能有比我个人更重要的事情正在发生。

同丧亲者待在一起时，安静感觉就像是敌人，让人很尴尬，对吧？但其实是只有你认为打破沉默是你的任务的时候才是这样。

安静并不是敌人。

还记得我说过共情和你在哪无关吗？安静不是敌人。如果安静让你觉得很尴尬，那就尴尬着吧。

虽然是播客节目的主持人和作者，但我大部分工作就是倾听，让故事的讲述者做他们故事的主角。作为一个来自美国中西部地区的女性，在与人沟通时，我发自内心地想把你的故事和别人的故事进行联系和比较。

每个人都有讲述自己的故事的特定方式。假设我今天给你打电话，首先，最好你能接电话。人们把我转到语音信箱的时候，我是知道的。当你接电话的时候，我会请你讲讲对你影响最大的一件事，你会从你习惯开始的地方讲起，会跟我讲一些你跟别人讲过多次的话，用你跟无数人讲过的故事线来讲述你的故事。这是你一生的浓缩，是你的悲痛经历，是让人了解你的故事。

我会让你按照你习惯的模式来讲，也会问你一些问题，但我不会急于去打破沉默。相反，我会保持安静，看看会发生什么。我会看你用什么来打破沉默，怎样用这段时间来反思你说过的话，看你接下来有什么新想法。你可以哭泣，没关系，但我不会急着告诉你说一切都会好起来，说你做得很好。我不会向你灌输一些陈词滥调。

我会保持沉默。

我有时不知道说什么，但我知道如何倾听。

我们每个人都可以从倾听开始练习。具体来说，就是只为听而听，而不是为了说而听。如果你需要额外的练习来提高倾听的能力，播客就是个好地方。即使你想用自己的建议和故事来打断正在讲故事的人，你也做不到。下次面对你不愿意面对的话题的时候，你就假装自己是在听播客。你在那里就是为了倾听丧亲者的心声。你可以发出"嗯嗯"的声音，或者大力点头表示你在听，但你不需要插话说你阿姨的朋友也是因为同样的原因去世了，这事情怪不怪？这不怪。这和丧亲者当下经历的毫无关系，令人心烦。

很少有人想显得粗鲁或者轻视他人，但不能说因为狗不觉得直接对着人的嘴打喷嚏很不礼貌，就认为狗这么做没问题。我谈起悲痛的时候，经常感觉被人强行喂了一勺糖，而我需要的只是治愈悲痛的良药，就是在我悲痛的时候有人能知道，能听我说说话。我需要的不过是有人说"那确实很难过"，然后就闭嘴，让我把自上次成人互动以来一直压抑在心里的想法倾诉出来。

你可能会想："诺拉，这不是心理治疗该做的事情吗？"是的。这种方法也适用于人际交往，而不仅限于与心理治疗师的沟通。如果你曾经让朋友干坐在一旁，听你喋喋不休地讲述你对伴娘服有多么不满，你家自酿啤酒的装备有多么厉害，或者老板有多么糟糕，那现在你也可以坐在一边，听人们讲离婚、生病或爱人去世的事情。

没有哪道菜能治愈一颗破碎的心或是拯救一个已经去世的人。我们不能治愈彼此，也不能让彼此免于痛苦，但我们可以倾听，这就是个好的开始。

各位丧亲者，虽然我强烈建议你把这几页打印出来，在你所在地区的每个殡仪馆外面发放，但教人们说什么或不说什么，就跟教人们做其他事情一样，最好的方法就是正向激励。如果有人对你说了一些非常令人欣慰的话（或者其实就是一些不那么刺耳的话），你要告诉他们！你要跟他们说：

"听你这么说真好。谢谢你。"

不知道在信上说什么时的信函模板

如果不知道写什么，就这么写！

――――――――― 问候 ―――――――――

亲爱的 ×××，　　　　　　　　　你好，

――――――――― 安慰 ―――――――――

惊闻 ××× 逝世，不胜　　　　　　惊闻 ××× 逝世，不胜
遗憾。　　　　　　　　　　　　　悲痛。

――――――――― 示好 ―――――――――

我同 ××× 最美好的一段　　　　　随函附上了一张支票，您
回忆是：（一段不涉及性、　　　　可随意支配，无须感谢。
毒品或违法活动的回忆，除
非这些是逝者遗产的一部分，
如果是这样，那还是遵循他
们的想法照实说！）

――――――――― 结尾 ―――――――――

祝好！　　　　　　　　　　　　　×××
×××　　　　　　　　　　　　　　敬上
（记得署名）　　　　　　　　　　（还是一样，记得署名）

不应该对丧亲者说的话

如果你打算说这些，请记住，不是所有话都该说。

"没那么糟。"

但也可以更好！不管怎样，一个人的感情状态不是一个可以讨论的话题。

"换个角度看……"

人人都有看问题的角度。有的人看事情的角度不一定开阔，但他们的角度没问题。过于接近某样东西，比如说悲伤，会让人看事情的角度十分狭窄，这很正常。除非地面上有人特意问你在 3 万英尺（约 9144 米）的高空往下看视野如何，否则就让他们从现在的角度看问题。他们不需要换角度。

"你应该这么做。"

除非你真的和我经历过一模一样的事情，否则我不想听你说我应该怎么做。除非我有特别询问你的意见，否则我不想听你指挥。

"不知当讲不当讲……"

我刚说了我不想听你的建议！别想换种方式说！

"你真坚强。"

我知道这听起来像是赞美，我也知道你是真心的，但其实你不知道一个人是否真的坚强，你只知道他们看起来很坚强。听到这种赞美会让他们觉得坚强是他们唯一的选择，如果不那么坚强就没那么令人钦佩了。

"万事皆有因。"

错。

7

▼
▽

这些事会对你有帮助

丧亲意味着很多事情，不仅仅是指感情上的，还有很多文书工作要做。亲人的死亡会伴随着一长串待办事项，甚至几年后你会发现自己在想，不可能吧，我已经搞定了？！亲人去世后要做什么并没有放之四海而皆准的标准，但有些一般性的建议可以让死亡的后果不那么可怕。

　　1. 开尽可能多的死亡证明。某人去世后你才知道要开张死亡证明有多难。我在的地方，开第一张死亡证明是免费的（这很好），再多开都是收费的。收费并不便宜，但我开了50张，就是为了省去日后的麻烦，我知道5年、10年或25年后，我不会愿意在忙碌的星期三跑去有关部门开死亡证明。现在这50张证明都用完了，今后我可能不得不去开更多的死亡证明。艾伦的手机运营商、学生贷款公司、我们的银行、艾伦的银行、保存着他冷冻精子的精子库，还有其他各类单位都需要死亡证明，其中大多数单位都不会退还证明。真过分。

2. 把这些文书工作看成是一份（无报酬、无福利的兼职）职业。每天花点时间慢慢办。向你单位的老板道歉，这些事情确实需要在上班时间完成，因为你不得不花很长时间打电话，与各种客服代表和他们的上级谈话。他们每个人和你说的内容都不一样。建议在办公室隔间里放一个枕头，可以让你在通话的间隙把头埋在枕头里尖叫，以发泄情绪。

3. 许多文件用的都是真材实料的木浆纸。你知道纸有什么方便之处吗？可以去你最喜欢的文具店买个全新的活页夹，把这些文件整整齐齐地放进去。死亡和悲伤是混乱的，但三环活页夹既整齐又美观。你值得拥有整齐又美观的事物。

4. 这个过程中，你至少会想一百次，想自己去世的时候，不会怎么怎么样。你可以以你喜欢的方式处理，但一定要确保你处理的方式是合法的。如果你去世的爱人的遗产安排得十分混乱，马上去见遗产律师。如果去世的爱人把房子堆得像真人秀节目《强迫性囤积症患者》里面一样满满当当的，赶紧去找近藤麻理惠①来改变你的生活。如果爱人的去世让你对自己的后事有什么想法的话，那么在自己去世之前把这些事情处理好。你不想犯你爱人犯过的错误，留下一个烂摊子。你希望避免出现同样的错误，希望给你爱的人留下令人激动的回忆！

5. 丧事是很花钱的。除非你爱的人留下具体指示说要长眠在镀金棺材里，否则殡仪馆向你推销的东西根本没有必要。（根据我父亲的要求）我们把我父亲埋在一个松木棺材里，把艾伦的骨灰倒在他最喜欢的河里（明尼苏达州政府官员要是来问的话，我们就说没这么干）。关于丧事账单，有一点我当时不知道：不是所有的账单都需要马上支付！真的，即使是最冷血无情的企业医疗系统也会允许你分期还款。你可能会问：丧事还要分期不会让人感觉奇怪吗？不会，因为医院和医疗保险公司的老板们都很有钱，可以像唐老鸭的舅舅史高治·麦克老鸭一样，在一泳池的钱里游泳。反正最后他们总是会拿到钱的，你不需要为了一次性支付而把自己搞到破产

---

① 近藤麻理惠是《怦然心动的人生整理魔法》一书的作者。就是受她影响，你的朋友们才会在网上上传自己简单装修的房子和整整齐齐收纳在抽屉里的 T 恤照片。

或者崩溃。

6. 让别人帮你。我过去很讨厌这个，感觉接受帮助就像是在往眼睛里扎钉子，但是老天呀，接受别人的帮助是给他们的礼物。如果有人真的想过来整理成堆的账单并贴上标签，或者替你打电话与医院协商付款计划，那就让他们做吧！如果付账问题不大，但你需要有人帮你协调各种事情，选一个你信任的人，一个真正会支持你的人，由他负责与所有可能帮倒忙的人争辩。你可能就没什么事情可做了，或者臆想一些新事情，或者想那些你永远也不会想到的事情！你甚至可以给他们取一个炫酷的名字，你的"悲伤船长"？你的"悲伤管理人"？名字随你取。

7. 找个人聊聊。对很多人来说，去看心理医生的想法十分可笑。付钱给某人谈谈我的感受？哈哈哈！对另一些人来说，去看心理医生的想法在经济上也不切实际。付多少钱给某人来谈论我的感受呢？我倒是想啊！成立性感年轻寡妇俱乐部就是因为那时我不愿意去看心理医生，也不喜欢大家坐成一圈谈论我的悲伤。现在我这两个想法都变了，但关键是，你可以选择。有时候最好的选择似乎是用一瓶葡萄酒和一盒饼干把你的感受深深地埋在心里，但这种做法就像是把垃圾桶里的东西使劲往下面压就能晚点去倒垃圾一样，只在一段时间内有效。从失去父亲和艾伦至今，我母亲还没有去见过任何一个悲伤顾问或心理治疗师，我觉得她现在每天都有情绪崩溃的可能。我不在乎是和脸书小组、信仰领袖谈还是和专业治疗师谈，我向你保证，你需要和某人谈谈你经历的一切。不仅是和你的朋友或家人谈，还需要跟一个中立的第三方谈谈，来帮助你理清心中纠结的情感。

8. 慢慢整理。这不是一场比赛，也没有最快恢复奖。你不能仓促行事，也不要被人逼着仓促行事。如果身体乏了，那就打个盹。如果不想和朋友出去吃饭，那就取消活动。如果说有什么时候可以让你放慢脚步，降低对自己的期望的话，那就是现在。你的新目标是当一名差生，对自己只有最低要求的那种。

9. 一个人是什么样和他所拥有的东西不是一回事。我父亲在我小时候就经常这样告诉我。因为和所有孩子一样，我有轻微囤积症。艾伦留下了好几个大塑料箱，里面有各种人形公仔、5 把吉他（5 把！！！），还有一些我从未听说过名字的乐队的 300 多件创意 T 恤。我留了一些，捐了一些，扔了一些，送了一些给朋友和家人。放弃这些东西不代表忘记那个人。顺便说一下，在近藤麻理惠写那本书之前，我父亲就是这样告诉我的。他们都是对的。

10. 写日记，即使你一天只写两个字也没关系。对这段时间发生的事情你会记忆模糊，有一天你会回看自己的日记，想着这是谁写的。日记可以真实地记录你在人生最灰暗的时间的生活状态，没有什么比这个更能体现你的成长了。

8

▼
▽

对你不想做的事说『不』

和其他人一样，我自己也曾无数次对悲伤的人说过这样一句不该讲的话：

"照顾好自己！"

听着就像当你的整个世界崩塌的时候，你还会找时间敷面膜，优哉游哉地躺着看书、喝茶一样；好像当你心碎不已的时候，你还会想着去做个按摩。

"照顾好自己"现在是个流行语。根据你问的对象不同，这句话可以指自我放松的各种方式，不管是好的还是坏的。用史上最糟糕的词来说，就是用美甲、修脚和疯狂追剧来"纵容"自己享受。

艾伦去世后，每个人都跟我说要我照顾好自己。我点点头，笑着接受他们的建议，保证会照做，但我不知道他们这话到底是什么意思。现在回想起来，我可以肯定他们的意思不是说"你今晚应该喝一瓶窈窕淑女玛格丽塔鸡尾酒，凌晨两点再睡觉！"或是"午餐吃一袋 M&M 花生酱！"。

我很想在这章中列一张简表，列出你可以采用的善待自己的各种方式，但我觉得这么做没用。用我的朋友萨拉·苏泊的话说，"世上能治愈我们的甘蓝沙拉有时就是不够"。萨拉是一名性侵幸存者和活动家。

我发现照顾好自己最重要的方式不是制作美味的羽衣甘蓝沙拉，而是停止照顾他人，停止考虑他们的悲伤。因为伴随死亡而来的一个残酷事实是逝者与你关系越近，你就越有可能成为他人悲痛的寄托。

我朋友的孩子去世时，她的姑姑告诉她："我不知道我该如何熬过去。"

另一个朋友的丈夫去世时，她的朋友跟她说："你知道吗，你没有帮我缓解悲痛。"

艾伦去世几个月后，我收到一封邮件，邮件的主题是："关注我！"内容是怪我没有回复他之前给我发的邮件。

人们应该知道不要做这些事或说这些话，但显然人们并不知道，因为我见过的每个丧亲者都有相似的经历：平日感情疏远的妹妹出现在自己丈夫的葬礼上，为几十年前的矛盾向自己道歉，恳求自己原谅她；或是平时不见面的侄子向她要钱，说奶奶去世前答应过要给他的。

你与逝者的关系越近，就越有可能崩溃，也越可能被别人拖累，他们自己倒是毫发无伤。

艾伦去世后的几个月里，我试图让其他人好受点，而自己却筋疲力尽。我和自己根本不喜欢的人一起吃午饭，把艾伦的东西送给他讨厌的人，竭尽全力去安慰他人，尽可能减少艾伦去世给别人带来的影响，其中大部分人在艾伦临终的时候甚至都没有出现。我看到莫也做过同样的事：在她自己需要安慰的时候，我看到她去安慰别人，看她微笑着面对各种事情，之后自己却放声大哭。

被迫帮助他人缓解悲伤有多种表现——去喝你不想去喝的咖啡，看你不想搭理的人给你发的短信。这些东西会消耗掉你有限的时间和精力，让你没时间和精力来照顾自己。你在受苦的时候很难去拒绝别人，因为那时的你无比脆弱，毫无防备。你不希望人们认为爱人去世把你变得麻木不仁。但爱人离世确实会让你在一段时间内对某些方面感觉麻木。优先考虑自己的感受没什么不对。洗不洗泡泡浴、练不练瑜伽都不重要，现在你照顾自己最重要的方式就是对你不想做的事情说"不"。

悲伤时如何守住私人空间

以下是有执照的治疗师不会推荐，但根据我自己的经验认为可行的方法。

玩消失

听着，在其他情况下，我都不赞成这样做。我会跟你说，你只需要向约会对象或者你以前最好的朋友承认你不想再看到他们就行了。但现在你是一个有很多事情要做的丧亲者，你没有义务回复你收到的每一条短信或是电子邮件。技术的奇妙之处在于它能让我们与他人保持联系，而其可怕之处则在于，当我们只想一个人待着的时候，它依然能让其他人不断联系我

们。我在这里特别允许你，不需要回复你收到的每一条消息。

直接不回。

消失得更优雅

好吧，技术还有一个可取之处：它可以让我们同时向很多人传达一些很难说出口的信息。无论你喜欢什么样的联系方式（电子邮件、脸书或是其他什么笔者在撰写本书时还没有发明的东西），只要你需要，就用它来告诉别人，说你需要个人空间。不需要写很长的信息，只需要提醒别人他们不知道你正在经历什么，所以也不要把它当成个人恩怨就行。

我帮你写了一条：

嗨，朋友们。你们的爱与支持让我深受感动，十分感激。如果我最近没有回复你的信息，请耐心等待。

我以前没经历过，现在需要一些时间和空间来独自处理一切。亲亲抱抱。

这样一来，即使是最麻烦的家人也不会因为你没有随叫随到而认为你对他们有什么意见了，即使你确实是对他们有意见。

坦诚沟通

情感上的事情当然是最难做的，所以我列在了最后。如果这个人跟你关系足够亲密，值得你付出努力，如果他们是你生活中真正重要的人，在你稍微恢复了一点以后，你必须告诉他们真相。如果他们为人正直，他们会理解的；如果他们和大多数人一样，那祝你好运。

9

▼
▽

为什么『至少』让人讨厌

前后矛盾的部分短语列表：

• 脱脂

• 放松而已

• 同父异母的兄弟姐妹

• 至少

这些短语没什么顺序，但最后一个词对经历过一些事情的人来说是一个非常讨厌的词。无论这个词后面接的是什么，都不会给人带来安慰。这就好像在委婉地表示："我要跟你讲些道貌岸然的话，所以做好无视我的准备。"

我以前没有注意到"至少"这两个字怎么就成了一件秘密武器，连说这话的人自己可能都不知道这个词给别人造成了多大的伤害。

直到艾伦去世。

从别人的痛苦经历中我观察到，别人的痛苦对人们来说往往是难以忍受的。人们不愿意看到有人在痛苦挣扎，希望看到别人已经放下了。说"快点放下吧"过于粗鲁，我们绝不能这么说！所以我们会采用和这个意思接近，但是听起来不那么刺耳的表达。

"至少他的痛苦已经结束了。"

"至少你还有拉尔夫。"

"至少你曾经爱过。"

所有这些以"至少"开始的句子都隐藏着一个信息："不管是什么让你感到难过，这东西让我非常不舒服，所以我想说你现在其实拥有很多，你却没有为此表示感激。"作为一名前天主教徒，这是我生活中真实存在的一种恐惧。我这辈子都不想办生日聚会，虽然和朋友、家人一起过生日很开心，但这种开心无法抵消在人前拆礼物所引发的焦虑，因为送礼物的人可能会觉得我对收到的礼物没有表示足够的感激。

如果一生中有什么时候可以大大方方地表示伤心失望，丈夫35岁因癌症去世那年应该可以吧？错！人们不想让我悲伤，他们想让我战胜悲伤。他们想让我去激励他们，该死的！我发现自己会为了网上的陌生人去编辑自己的感受，发一些表示"遇到艾伦是我的幸运，而失去他令我十分难过"这样的话。每发一张这样的照片，我都反复阅读我配的文字，确保我在悲伤和感激之间找到了合适的平衡点，然而我收到这样一条评论：

至少你曾经爱过。有些人一生都没有爱过。感激你曾获得的爱吧。

——Instagram 上一个陌生人的真实评论

"至少"这两个字证实我最害怕的事情真的发生了——我还不够感激，我必须做得更好。为了每一个在线上或线下与我有联系的人，我有义务尽快走出悲伤。

我是一个凡事都喜欢往好的方面想的人，但我也意识到，有时要发现好的方面很难，有时可能根本就没有什么好的方面。有时人生就是一片黑暗，有时风雨过后还是风雨，而我们能做的就只有坚持，等待风雨过去。

当你处于危机之中，摸索着要穿过黑暗的时候，你最不需要的就是有人告诉你往好的方面看。有些事情就没有好的方面，有些事情就是很困难。我们没有义务从受到的每一次伤害中汲取一个重要的人生经验，或在短时间内快速汲取什么经验。

如果说有什么比一个开心的故事更让人喜欢的话，那就是历经磨难后的大团圆结局。我们喜欢看到有人打败恶魔，克服压力，然后重新振作起来。我们喜欢看到英雄被击倒两次后，仍然能站起来。数学什么的都不重要，我们只想看到那种即使是不可逾越的障碍仍被人克服了的故事。人生给了我酸涩的柠檬，我却用它做了杯冰凉可口的柠檬汁。

作为一个仍在耐心等待好莱坞女星林赛·罗翰复出的人，我很能理解人们的这种冲动。在丈夫和父亲去世的一年里，我向所有人表示自己过得很好。对所有身处逆境的人来说，我都算得上是一个励志偶像——虽然我丈夫去世了，但我还是涂着精致的口红，穿着漂亮的衣服，自拍照还是一样性感火辣。

不管照片看起来怎么样，事实上我一点也不好。我根本睡不着觉，喝很多酒，经常忘记吃饭。我过得一团糟，但别人看起来我把自己照顾得很好，整个人看上去好极了，丧亲之痛好像也没什么。我就是个重新振作起来的典范，甚至没怎么调整。

那时，我这么做不是因为有人告诉我要快速振作、尽快走出悲伤。我这么做是因为我有多次和丧亲者打交道的经历，知道在美国文化中，人们没什么时间去痛苦，或者去为谁悲伤。只有在痛苦已经明确结束，最好当事人还从中吸取了什么教训的时候，我们才能接受别人的痛苦。

期待人生有一个干净利落的结局是多么无聊。在印度尼西亚东部的塔纳托拉雅岛上，在举行葬礼之前，人们会把防腐处理后的尸体放在家中，给死者穿戴整齐，提供食物，把死者当作病人对待。那里的葬礼是一场为期6天的盛宴，家人会为葬礼攒好几年的钱。[1] 在马达加斯加，数百万人进行"翻尸换衣仪式"。在仪式中，人们会定期把死者尸体挖出来，举行各种纪念活动，包括跳舞、讲述死者的生平事迹等，以维持生者与死者之间的联系。[2]

美国的情况就大不相同了。一般美国人如果是配偶去

---

[1]　https://ideas.ted.com/11-fascinating-funeral-tradns-from-around-the-globe

[2]　https://archive.nytimes.com/www.nytimes.com/2010/09/06/world/africa/06madagascar.html

世会有三天丧假，父母、孩子或兄弟姐妹去世也有三天假。[①]
如果是最好的朋友去世？男朋友去世？你最喜欢的叔叔去
世？离婚？或者受精卵没有受孕成功？那我估计你只能用自
己的带薪休假时间了。

当然，这个前提是你有一份带福利的全职工作。如果你
是小时工、合同工或者是在服务业工作，那你只能靠自己
了。美国没有适用于你或你丧亲之痛的相关政策。

问题不仅仅是在西方文化中有一个官方计算出来的丧
假，要求你在几天内快速走出悲伤，回到办公桌前工作，
真正的问题是通常没有人教我们该如何面对悲伤。即使你
足够幸运，所处的文化会给丧亲者足够的时间恢复——如
果丈夫去世要斋戒或者穿白色丧服服丧一年——你仍然得
和整个国家抗争，因为"丧亲"和"政策"这两个词就不
能兼容。

换句话说，如果痛苦过后你能以一个凤凰涅槃的形象出
现，那你的苦难和悲痛是可以接受的。可能你现在就是这
样，想着从地狱中走出来的自己会是什么样的，肯定会是一

---

① https://www.shrm.org/ResourcesAndTools/business-solutions/Documents/
Paid-Leave-Report-All-Industries-All-FTEs.pdf

个全新的自我吧？也许现在这个暴躁愤怒的你里面有一个全新的自我即将诞生？也许有，也许没有。

有时候，困难的事情就是很困难。也许看待痛苦的标准不应该是从中获得了什么启发，取得了什么进步，而是简单地活下来。因为即使只是活下来也不是那么容易的。如果你在过去几年有关注社交媒体的话，你可能已经注意到众筹的范围已经不仅限于给朋友古怪的发明和糟糕的电影创意提供资金支持的阶段了，现在的众筹还包括为试管受精、癌症治疗和办理丧事等令人悲痛的事情筹资了。

大多数美国人都没有 500 美元的存款可以用来应付紧急情况，[①]而医疗突发事件的花费总是会超过 500 美元，这就是为什么它们是紧急情况的原因！如果你没有可用于医疗急救的 500 美元，那你现在的问题列表中还要增加一个财务危机。

为什么寡妇比已婚者更容易得心脏病？

因为有时没有杀死我们的东西并不会让我们变得更强大，它们会在精神上、情感上、财务上和身体上摧毁我们。

这不是一个令人愉快的故事，不是吗？

---

① http://money.cnn.com/2017/01/12/pf/americans-lack-of-savings/index.html

但我们需要这个令人不快的故事。我们需要知道，有时发生在我们身上的最糟糕的事情并不是创造什么其他东西的催化剂。有时候，上帝给我们关了一扇门，还用钉子钉上了所有的窗户。

要完美应对悲伤这件事给人的压力太大了，让人无法承受。也许现在你就是很痛苦，就是很困难。如果你的生活已经支离破碎，我在这里给你的建议会和接下来的几天你收到的慰问卡或听到的套话完全不同：

不管生活给了你多少柠檬，你都不欠任何人一杯柠檬汁。

如何告诉你爱的人你很难过

别自欺欺人

这听起来很刺耳，但你就是会骗人。我们都是一样。我知道我们都会习惯性地问候彼此："你还好吗？"但是如果你对兄弟姐妹的回答和对沃尔格林药

店收银员的回答一样，那这句话就只能起到寒暄的作用。不和所有人交心是不可能挺过来的。为了能够帮助你，爱你的人需要知道真相。他们需要你说："我很难过。我不知道我需要你做什么，只需要你知道我很难过就够了。"

在停止欺骗他人之前，你需要问问自己对自己是否完全诚实。你有没有好好照顾自己？有没有给自己缓冲的时间？有没有为了逃避而把你的一天安排得满满的？你到底过得怎么样？如果你需要眼见为实，就把你的想法写下来。当下次你爱的人问起你时，就给他们真实的回答。

选一个代言人

你很难过，但你不需要亲自去告诉所有人。选择一个你信任的人，让他做你的代言人，去告诉别人你过得怎么样，你需要什么。也许这个人就是你的悲伤船长（你们喜欢不喜欢这个名字？），也可能只是一个特别擅长与人交流的人。

选择一个你喜欢的交流方式

不是所有人都活在博客和脸书里。那时我尽可能地用电子邮件与他人联系，避免生活中与任何人互动。电子邮件可以让他人知道我的感受，知道我需要什么。我有没有忘记与某些人联系？有的。这样可以吗？可以。你不需要做到完美。

你
为
什
么
要
问
？

人们总说猫有多好奇，但猫似乎只管自己的事。我从没遇到过有猫问我牛仔裤尺码有多大，我有多高。猫从没问过我丈夫怎么得的脑癌，或者我怕不怕儿子拉尔夫有一天也会得脑癌。猫也从没问过我是否担心别人会怎么看我这种"忘记过去"的做法。只有人才会问这些问题，问我关于守寡、死亡和如何做一个母亲等各种问题，因为人都有一颗好奇心。

他们想知道各种各样的事情。有人问莫，她丈夫生前是否有自杀的迹象，有人问我，艾伦是否允许我在他去世后再婚。有人问我的朋友，为什么她要生一个注定只能活几个月的孩子。还有人问，她离婚是不是因为出轨。我认为，所有这些问题最好都别问，但每个问这些问题的人都认为他们需要了解并掌握这些信息。

人总是很好奇。

听到这些问题，我内心黑暗的一面会想：你有什么毛病？！

我内心善良的一面则会想：我知道你真正想知道的是什么。

问这些私人问题的人，这些八卦的人，他们真的想知道的是，发生的一切都很正常，这些事情不是毫无意义的。万事都有因，知道原因的话他们就可以保护自己免受伤害，从而与发生的一切保持距离。人们问这些问题不仅仅是为了满足自己的好奇心，也是为了保障他们自己的安全。他们想知道我朋友的儿子淹死前是否喝了酒，因为他们希望知道悲剧发生的特定原因，知道这个原因就可以避免特定的悲剧发生在自己身上。如果他们的儿子喝了酒不去游泳，那就肯定不会出事，对吧？他们想知道莫的丈夫生前是否有自杀的迹象，这样他们就可以看着自己的伴侣说："这种事情永远不会发生在我们身上。"他们希望艾伦的脑癌是遗传的（事实并不是），这样他们就知道自己的儿子或爱人不会得脑癌（事实上，还是可能会）。尽管我们知道所有人最终都无法逃避悲剧，但我们一直试图相信悲剧不会发生在自己身上，悲剧会绕过自己，发生在别人身上；认为出事的都是那些开车时抽烟、喝酒或发短信的人，我们绝不会这么干，所以肯定没事。

他们认为只要问对了问题，就能一生顺遂无忧。这种想法十分美好，令人安心。这点我也知道。我就问过很多这样的问题，真希望自己从没问过。现在回想起来，我问那些问题不过是试图用泡沫掩盖自己有一天也可能会经历痛苦这个事实。当我听说一个熟人的孩子生下来就有遗传疾病时，我一脸怀疑地看着我当时的男友，试图想象他的遗传密码中潜藏着什么疾病。一天晚上，我漫不经心地问他："你或你家人有什么我应该知道的病史吗？在我们结婚生子之前，你有什么想告诉我的吗？"我俩根本没结婚，也没生孩子。我和他分手的部分原因是他的生活方式很不健康。他又喝酒又抽烟，从不锻炼身体，整天乱吃。我最后嫁给了艾伦——一个从不吸毒，也从不抽烟的男人，一个一周跑几次马拉松，积极参加体育运动的男人。结果我那生活方式一点也不健康的前男友还活着，而艾伦却在我们结婚 3 年后死于脑癌。

▽ ▼ ▽

"你为什么要问？"

这是对于你不想回答的问题的一种回应，是给自己留点私人空间的做法，是迫使提问者反思自我的方式，也是你在提问前需要思考的问题。

你为什么这么问？

你这么问是出于对知识的渴望吗？还是想满足你自己的好奇心？如果是这样，那等会拿谷歌搜索能满足你的好奇心吗？

如果你提问是因为你想与人交流，也记得高中礼仪课上说提问是开展对话的可靠方法，那么你能问别的问题吗？问这个问题能在多大程度上促进与他人的交流？

如果我是你，读了前几页后，我可能会怕到不敢同直系亲属以外的任何人打电话，就怕自己会说错话。因为说错话实在令人害怕，什么都不说反而更容易，觉得会说错话不如不说话，或者干脆不与人联系，这样大家都不会尴尬。

然而，你不需要成为一个完美的悲伤话题交流专家。你不需要恰到好处地安慰每一个悲伤的人。我坚信说错话总比什么都不说要好，说错话表示至少你努力尝试过。没有能够保证理解他人的算法，也没有适合所有情况的公式或话语。每个人都要去尝试，在错误和相互学习中成长。

艾伦去世后，我从别人对我说的每一句蠢话中学到了很多。我知道，每次我谈到自己去世的丈夫（这是常有的事，因为我很爱艾伦，也总是讲起他），人们总会僵上一会儿，绞尽脑汁地想该说些什么。一听说我丈夫35岁就去世了，他们脑海里就自动浮现出几个单词：35岁，去世……然后开始发蒙，接着就会问以下这些问题：

"他是怎么去世的？"

"去世前有什么迹象吗？"

人们很容易遗漏一个信息，注意这三个单词：丈夫、伴侣、爱人。在其他情况下，关于别人的爱人我们通常会想知道什么呢？

"你是怎么认识你丈夫的？"

"你丈夫长什么样？"

"你丈夫是做什么的？"

我们习惯了只看这个故事中令人震惊的一面。一个人英年早逝确实令人不安，但即使是一个英年早逝的人，他的一生也不只有死亡。我们可以训练自己，让自己不仅对故事中令人悲伤的那部分感兴趣，也对故事中的主角感兴趣。

我最近要参加的一个会议需要我填写相关信息。

在感兴趣的话题部分，我写道：我去世的丈夫。

这么写不是为了哗众取宠，而是因为我喜欢讲艾伦，喜欢讲他的生活。不是因为有关他去世的问题会激起我的一些不愉快的回忆，而是因为我希望借此机会唤起我心中关于他的最美好的回忆，忘记他服用的各种药物、他的脑部手术和放射治疗的预约时间表，讲讲他爱什么，讲他的朋友，讲他怎样依然与我同在。

我们见面时，我不想让你觉得艾伦于我而言是一段悲伤的回忆。我想让他成为一个爱情故事，一个带点悲伤的生活故事。就像你讲述自己的伴侣（无论他 / 她是否还在人世）一样，我想以这种方式来讲述艾伦。我想和你说的是爱情的魔力，而不是死亡造成的创伤。

想想到目前为止发生在你身上最糟糕的事情。也许是死亡，也许是丢了工作，也许是离婚。这对你的生活有影响吗？当然有影响。这决定了你是谁吗？希望没有，因为我们是生活经历和人际交往的总和。

我想知道你生命中重要的事情，只是因为我希望通过这件事情来知道你是一个什么样的人。对我来说，"发生了什么""是怎么发生的"，这些问题远不如"为什么"有意思。为什么这件事对你很重要，它对你有什么影响？它是怎样改变了你的生活？你在抚摸那段时光给你带来的伤痕时，还会感到刺痛吗？你喜欢这种感觉吗？

关于我的生活和悲痛过往，你想知道的一切，我都会告诉你，但你可以用谷歌搜索所有细节，也能清楚地知道到底发生了什么。就是两个人相爱了，其中一个人生病去世了。但事实性的信息不会告诉你这些事对我的影响或者我未来的方向。

任何问题你都可以问，只要你知道你为什么要问。

去见一个丧亲者时可聊的话题参考

<u>天气</u>

只是开玩笑！你当然可以做得更好，但伙计，你能相信下雪了吗？

与逝者有关的最美好的回忆

还记得那次你们一起去漂流吗？那次他彻夜排队给你买音乐会门票？有时死亡过于可怕，会让人忘记逝者有多好。想起这些美好的回忆就是一份礼物，有机会与他人分享逝者身上最打动你的地方更是难得。

你最钦佩逝者身上的某一品质

想想你私下里对逝者的称赞，现在当着逝者亲友的面说出来。在不同人身上我们可以看到不同的品质。从别人的视角来看我们的爱人就像看到一个全新的他／她一样。

坦然承认

承认自己不知道该说什么，但我想让你知道我很关心你。

11
▼
▽

谁可以悲伤？

美国歌手普林斯·罗杰斯·内尔森去世时，天下着雨。我记得这些不是因为我是他的铁杆粉丝，而是那天我在发动汽车的时候，车上正在放他的经典歌曲《紫雨》。这首歌有近10分钟，每一分钟我都喜欢听。这首歌放完，我换了个台，这个台也在放这首歌。我听了听我的预设电台，发现我调的所有台都在放《紫雨》。我当时就想：哇，这是一个日后回忆起来只有我会感兴趣的故事。

在节目的最后，一个主持人宣布了歌手普林斯的死讯。那天晚上，明尼阿波利斯第一大道为普林斯举办了一场通宵舞会。市中心街道上挤满了他的粉丝，很多人都哭了。

在世界上某个地方，普林斯核心亲友圈的人也十分悲伤。他们悲伤不是因为一代偶像离世，而是因为他们的朋友或家人去世了。他们对那些在身上刻有普林斯的文身、为普林斯痛哭的普通人，会有什么看法？他们是会感到安慰，还是烦恼？

无论一个人一生中所获名望的高低，一个人的死亡都会产生一系列连锁反应。很多意想不到的人会为逝者悲伤流泪。艾伦的葬礼有 1000 多人参加，我本人并不认识这么多人，也说不出参加葬礼的大多数人的名字。但知道艾伦的一生影响了这么多人，让他们愿意在一个寒冷的冬夜来与我的爱人道别，知道他们也在以自己的方式爱着他，这令我十分欣慰。

悲伤好就好在它能让我们破碎的心更宽容。那天晚上，我爱在那个房间出席葬礼的所有人。我爱艾伦小学时的朋友，爱他以前的同事，也爱他平日很少走动的堂兄弟！

我也要承认，一些人公开表示悲痛让我浑身不舒服。他们让我很恼火，这让我觉得自己很奇怪，进而觉得自己心态有问题。

这就是悲伤不好的地方：它能让我们破碎的心变得更狭小、更刻薄。

人是一种不可再生的资源（虽然在撰写本书时，我确信有人正在努力复活尸体以实现永生）。有时感觉悲伤也是如此，就好像世界上的悲伤是有限的，不是人人都能悲伤一样。

我一个朋友的亲哥去世的时候，和他们关系很远的一个继妹在身上弄了一个很大的文身表示纪念。此前他们从来没有和这个继妹一起生活过，可以说几乎不认识她。我朋友给我发短信，很生气地说："他是我哥哥！他都不喜欢她！"

有一种人心地温和，很容易因他人去世而感到悲伤，还有一种人就是"悲伤秃鹫"。这两种人有很大的差异，但这两种人都真实存在，而且都倾向于在一个人去世后出现。

心地温和的人的特征：

·为感伤的广告哭泣

·从没打死过一只苍蝇

·为你心疼

·给你一种忧郁的感觉

·像剥了皮的橘肉般柔软

"悲伤秃鹫"的特征：

· 长期过度分享者

· 与死者的关系和与社交媒体的关系为 1∶10

· 过分窥探你的悲痛

· 给你一种恶心的感觉

· 像动物界的秃鹫

你如何看待这些人直接取决于你的个人感受。这没关系，因为悲伤确实会影响你的内心感受。在你状态最好的时候，你看每个悲伤的人都是心地善良的人。你会从他们身上，从他们的意图中看到最好的一面，通常他们也确实是心地善良的人。在你状态最糟的时候，你会觉得所有人都围着你的悲伤打转，就像是秃鹫看到了一块腐肉一样，这会让你心生戒备，感到愤怒。你会想在他们发的帖子下面评论："但你都算不上是她的好表妹！"

别这样。就算是真的也别这么干。

艾伦去世后，我看到了许多秃鹫式的人。很多人在艾伦生病期间根本没有出现过，之后又对他的去世表示哀悼，这让我感到十分愤怒。他们根本没资格对艾伦的去世表示悲伤来博取他人的同情！别人的同情怎么能浪费在他们那种虚假的悲伤上？

我的收件箱里全是正在经历一生中最糟糕时期的人给我的来信。他们失去了自己所爱的人，而他们认为朋友和家人做的各种难以理解的事情又进一步加剧了他们的痛苦。困惑很快就被愤怒所取代，因为实在很难理解这些人到底在想些什么乱七八糟的玩意？

为什么公公坚持要把平日与他感情疏远的儿子的骨灰撒在一个和他儿子书面遗嘱明显不一致的地方？你表哥为什么没来参加奶奶的葬礼？为什么你的父母会为在你姐姐的葬礼上放哪首歌而大吵一架？你的同事为什么穿着运动裤来参加你丈夫的葬礼？

死亡对每个人来说都很难面对，即使是糟糕透顶的叔叔，甚至是你讨厌的同事都是一样。死亡让我们每个人都变得更加渺小、更加可怜。虽然死亡有时也会让我们变得更善良、更有耐心，但它也容易让差劲的人表现出最差劲的一面，甚至能让好人也露出糟糕的一面。

所以我想跟你说的，就是如果时光倒流，我会对自己说的话：

谁在乎呢？

谁在乎他们的意图是温柔善良的，还是恶心虚伪的？这对你和你的悲伤来说，真的重要吗？

你凭什么判断别人掉的是真心的眼泪还是"鳄鱼的眼泪"？如果你是鳄鱼专家，请把这当成一个反问句。不知道你有没有注意到，人是很奇怪的动物。有时候，一个人的死亡可能打开了我们内心深处一扇连我们自己都不知道存在的门，释放出一堆莫名的情感。我在陌生人的葬礼上比在近亲的葬礼上哭得更厉害。公共汽车上一个人的脸也曾令我十分动容。我们真的不知道别人心里在想什么，我们只能相信，别人和我们一样，内心都是一样美丽、复杂和混乱。

别人的悲伤——无论是真的还是演的——都与你或你的悲伤无关。他们不能减少你的悲伤，也没有拿走你应得的同情和理解。你的这些烦恼都是真实的，都是为一个目标服务：它们是你悲痛时转移注意力的好方法。因为某人穿什么去参加葬礼或者谁在脸书上发了什么，这些都不重要。你最讨厌的同事在没有接到邀请的情况下来为逝者送行，结果还迟到了，这也没什么。生气比悲痛欲绝要好。在你脆弱不堪的时候，把目光聚成一束激光，燃烧眼前的一切，也比痛不欲生要好。

　　有些事情真的很糟糕。你叔叔不应该在你祖母去世后立刻把她的银行账户里的钱全取出来；你小姑子不应该在守灵时偷她哥哥的骨灰。但现在，在你最困难的时候，你分不清什么是轻罪，什么是重罪。身为一个非常渴望快速伸张正义的人，我知道现在不管谁和你作对，都能让你抓狂。虽然我自己不怎么经常冥想，但作为一个经常谈论冥想的人，我有一个更好的主意：列出自悲剧发生以来大家做的所有怪诞、可怕或不恰当的事，写得详细些。把它们写在你的日记本上（我有没有说过你得有一个日记本？你需要一个日记本），写完就把这个日记忘了，几年后再找出来，你会大吃一惊。大多数不恰当的行为你早都忘了！现在让你气得咬牙切齿的事大都是这样的：一群悲伤、受伤的人因为太专注于自己的痛苦，做了一些伤害你的事情，而他们自己却没有意识到。

　　这个可能需要几个月，甚至几年时间，但你最终会明白一个道理——数百万为普林斯去世而悲痛的人无法从最了解他的人那里夺走任何东西。一千个为艾伦悲伤的人实际上也并没有从我或艾伦身上拿走什么。

　　所有人都可以悲伤。所有人都可以为逝者哀悼。即使是那些"悲伤秃鹫"也是如此。

跟我重复一遍：

他们的悲伤与我的悲伤无关。

再跟我重复一遍：

我现在正在注销社交媒体账号。

12

▼
▽

我为什么依然如此悲伤？

写给丧亲者的话：

　　艾伦去世几个月后我就辞职了。这个决定在当时是可以理解的，但后来我又意识到自己需要赚钱来养活自己和儿子，所以我去参加了一个社交活动，希望能认识一些人以赚钱养子。有人把我介绍给了一位 70 多岁的成功女性，大家都称她为"传奇人物"。她想约我喝杯咖啡，我当时想，她能从我身上看到什么？

　　她在我身上看到的是她自己。她男朋友去世时她才 16 岁，那是她的初恋。那个年代和现在不同，那时人们高中毕业后就完全可以结婚。但有一天，她男友去了医院就再没回来，她后来才得知他死于癌症。他的父母一直没有把病情告诉她和他的朋友，因为他们不知道如何来说，也不想让她或他的朋友担心。

这个男孩几十年前就去世了。她后来也结了婚，成了母亲，还当了祖母。但是她跟我讲起去世的初恋男友的时候，就好像那是几周前发生的事情一样，就好像她还是 16 岁，还是一样为爱人的去世而感到震惊和困惑，为没有机会同他说再见而悲伤。

她的悲伤比我的悲伤感觉更强烈，因为我那时还没有任何感觉。

悲伤与时间无关。我不能说，随着时间的推移，事情会变得更好还是更差，我只能说，随着时间的推移，事情既可能越来越好，也可能越来越差。但唯一确定的是，无论你现在感觉如何，这种感觉都不会一直持续下去。

有时艾伦的去世恍如昨日，让我简直不敢相信，他怎么可能离开了我？他怎么可能永远停留在 35 岁？然而，有时他的去世又像是我生活中的一个既定事实，好像他已经去世很久了，我都想不起来他活着时的样子了。我以为自己能控制情感的开关，在某些日子（如艾伦的生日、他的忌日等）会特别悲痛，大多数时候正常生活。

我希望事情是这样。我希望我们能把最沉重的悲痛集中在一年中某些特定日子上，这样效率肯定会更高。然而我给朋友打电话说整个世界都很沉重，我哭是因为经过卖除臭剂店铺的走廊时，看到了艾伦曾经最喜欢的止汗剂，然后突然意识到我还活着而艾伦已经去世了，我的朋友们都特别理解我的感受。最后我给自己买了同款止汗剂，这样我腋下和他腋下的气味就能永远一样。

2017 年，Lady Gaga 发行了新专辑《乔安妮》，该专辑以在她出生前就去世了的姨妈的名字命名。同名主打歌百分之百能让你哭出来。在网飞纪录片《Gaga：五尺二寸》中，Lady Gaga 为祖母演唱了这首歌，并不由自主地放声大哭。她的祖母听了这首歌，看着 Lady Gaga 哭泣，然后感谢 Gaga 唱了这首歌，但她并没有流泪。她们的悲伤——即使是为同一个人的悲伤——也是不同的。悲伤可以无边无际地发展，可以追溯到好几代人，而且它不受时间、空间或其他规则的约束。

有句常见的谚语说"时间可以治愈一切创伤"。时间确实可以治愈身体的创伤，对此我十分感激，因为就在我打字的时候，我正希望我的拇指能愈合，因为刚才我在试图切土豆时弄伤了手。但是时间并不能愈合精神和心灵的创伤。时间是残酷的，它让我想到艾伦已经离开我很久了，这对我来说并不是一种安慰。

约我喝咖啡的那位传奇人物和初恋男友在一起的时间远比她失去他的时间要短。现在她孙子都已经 16 岁了。时间没有治愈她的伤口，永远也不会。

如果你仍然悲伤，那是因为一切都还在，你爱的人依然存在。时间可以改变你，也肯定会改变你，但是时间不能改变他们，永远也不会。

写给丧亲者亲友的话：

对你来说，时间稳步前进，一如既往。一年就是一年，一天就是一天。你不知道距离逝者去世已经过了多久了，也没有去计算时光的流逝。其实逝者离开你的时间已经远比你与逝者在一起的时间要长了。

你可能会忍不住同悲痛欲绝的人说"放下吧"。毕竟，已经过了几周，几年，几十年了。很显然再谈论死者就不合适了。现在他们总该放下了吧？

他们没有。

你可能会想，这个人又结婚了，或者又有了一个孩子！他们生活中有这么多美好的东西，这件可怕的事情不可能仍然对他们有这么大影响，是吧？

我们没有忘记我们已经去世的爱人，也不会忘记我们经历过的痛苦。我们只是继续向前，但仍带着所有的记忆。有些事情会越来越淡，但有些事情会永远沉重。我们继续生活，但我们和过去已完全不同。这并不可怕，也没什么令人沮丧或不正常的地方。我们爱的人影响了我们一生，他们的去世也改变了我们。

你可能会想，他们为什么依然悲伤？

因为这是一件悲伤的事，而且永远如此。

现在，我一切都很好。我最亲近的家人都还活着，我还在做自己喜欢的工作，我还很健康，至少没有查出什么严重的疾病。

我第一任丈夫去世了，这永远不会变。现在他的去世令我十分悲痛。在你读到这些话的时候，我的悲痛程度依然不减。但几个月后这种悲痛又会是一种什么样的感觉？我也不知道。

上周，我为一个从未谋面的陌生男性主持了葬礼。他是我一个朋友的朋友，他的妻子联系了我，我的回答是"好的"。我当然愿意为一个全然陌生的人主持葬礼，充当一个与宗教无关、仅由互联网任命的"牧师"。

第一排坐着的当然是与死者关系最亲密的人，即死者的遗孀和孩子。他们身后一排排座位上坐着的是死者的朋友、同事和其他家人。他们每个人都为同一个人的离世感到悲伤，他们的座位我都坐过。有时我会想：为什么他们会为一个一周只在走廊见过几面、打过几次招呼的同事号啕大哭。

葬礼结束后，我开车回了家，为这个陌生男性的离世而痛哭。他的去世在好几个人心里留下了一个巨大的空洞，在其他很多人心里留下了不可磨灭的伤痕。他的生活与我毫不相干，然而我们都在同一个房间里待过。总有一天，那些站在后排的人会发现自己站到了葬礼的前排。总有一天，前排的那些孩子会站在另一家殡仪馆的后排。

我不会跟你说，乌云背后总是阳光。我肯定这句话在气象学上是站不住脚的。但我可以告诉你，悲伤的乌云会随着时间的推移而不断变化，它们不会总是像今天这样黑、这样厚，但它们永远不会完全消失。

但最终你可以用不同的视角去看待悲伤的乌云，就像你小的时候仰躺着看着天上的云变幻成各种形状一样，乌云有时像一条可怕的龙，有时又变成了一只小兔子，然后变成了一辆赛车、一艘船……

无论你的云给你带来了什么，无论它们如何变化，变成什么形状，你只需睁大双眼，静静观察。

致

谢

▼
▽

　　生活就像一串二手项链，往往盘根错节，相互影响。这本书之所以能够存在，完全是因为我可爱的编辑——本，她失去了丈夫，找到了我们"性感年轻寡妇俱乐部"。该俱乐部之所以存在，是因为我遇到了莫·理查森，一位我从未想过会结交的朋友，后来她成了我生命中必不可少的人。我遇到莫，成立了"性感年轻寡妇俱乐部"，是因为莫的丈夫安德鲁·理查森和我的丈夫艾伦·珀茂特都去世了。我们能遇见安德鲁和艾伦，也与我们此前亲吻过的男友有关，我们因他们而受过伤，也曾经伤害过他们。

　　这本书是为所有心碎的人而写的。我希望本书能尽可能地治愈你受伤的心灵。

另：TED 的米歇尔·坤特是一位才华横溢的编辑，我也要感谢她对这本奇怪小书的关注，是她让本书的各方面变得更加优秀。